河北省高等学校人文社科重点研究基地（石家庄铁道大学人居环境可持续发展研究中心）资助

建筑写生与图文笔记

韩宗良 著

图书在版编目(CIP)数据

建筑写生与图文笔记 / 韩宗良著. — 天津 : 天津大学出版社, 2020.10(2024.8重印)

ISBN 978-7-5618-6816-4

Ⅰ. ①建… Ⅱ. ①韩… Ⅲ. ①建筑画一写生画一作品集一中国一现代②建筑画一写生画一绘画评论 Ⅳ. ①TU204

中国版本图书馆CIP数据核字(2020)第210739号

出版发行 天津大学出版社
地　　址 天津市卫津路92号天津大学内（邮编:300072）
电　　话 发行部:022-27403647
网　　址 www.tjupress.com.cn
印　　刷 廊坊市海涛印刷有限公司
经　　销 全国各地新华书店
开　　本 210mm×285mm
印　　张 12.75
字　　数 122千
版　　次 2020年12月第1版
印　　次 2024年 8 月第2次
定　　价 48.00元

前言

做设计离不开手中的画笔，设计什么就要画什么，画那些优秀作品从来都是最有价值、最有效率的学习方法。绘画不仅是一种技能，而且是物、眼、心、手之间的对话。画建筑比看建筑的感受要深刻得多，所获得的信息要丰富得多，记忆也要持久得多。建筑写生和图文笔记是建筑师感受、认识和记忆建筑的两种主要方式，也是建筑师的两门基本功课。为什么说它们重要和基本，笔者在书中谈了自己的认识和体会。认识其实是很重要的，因为认识是行为的理由，我们只有认识到画速写、做图文笔记的意义和价值，才会有画的意愿和行为，才会有坚持下去的信念和意志，也才能在这个过程中体会到应有的快乐。

本书收录了笔者的部分写生作品和图文笔记，也有一些关于配景、草图、透视、心理学等方面的内容。水平有限，只求有只言片语能裨益读者，尤其希望能起到抛砖引玉的作用。从本质上讲，这不是一本讲画画的书，其核心主旨在于劝画，希望学建筑的同学在阅读本书后，能意识到动手画建筑的重要性，开始写生，做图文笔记，并坚持下去。

也谨以此书向培养过、感动过自己的那些可爱的、令人尊敬的老师们致敬，谢谢你们曾经的培养和教诲。还要感谢我的爱人，谢谢她一直以来的鼓励和支持。

2020年1月3日于石家庄

目录

壹

建筑写生与图文笔记

1/壹　绘画是设计创新的动力和阶梯

这个标题中的“绘画”有动词与名词的双重词性,即绘画的行为和过程,以及绘画的产品和成果。所以,这个标题阐述的观念就是:无论是绘画的行为、过程还是产品、成果,都是建筑师设计创新的动力和阶梯。成为一名优秀的建筑师,要从绘画开始。

本书会讲些绘画的技巧和方法,会讲到怎样画建筑配景,但这些并不是本书的关键和主旨。本书的目的在于劝画,所以大量篇幅讲学建筑的同学为什么要画画,绘画的意义和价值。解决了认识问题,我们才能自觉自愿地去画画,才能有坚持下去的信念和意志。

辨认与绘制

不经意地一瞥,眼前景物便一目了然,我们会确信已经看到了场景的全部及其细节。“眼见为实”之说便包含了这样的信念。时过境迁,当我们要把先前所见画出来的时候,才会发现我们头脑中的所有印象都是模糊的。我们能够很容易地认出一个人,哪怕和这个人只是多年前的一面之交,但我们要画出一个天天见的熟悉的人,却极其困难。如果被要求画出自己的模样,我们就会陷入尴尬的境地。人们天天对镜梳洗,却没几个人能画出自己来。可见,认出和画出之间还是有很大距离的。

有人可能将画不出归咎于不会画,但即使是画家,没有画过,一样不会画。画家和常人的一瞥所见大体无异,有画的能力和画过,这两个方面一起才是画家超于常人的地方。这里的画家笼统地指有绘画能力的人,而不是职业分工意义上的画家。也正是在这个意义上,建筑师首先应当是一个画家,要能把美好的建筑设计形之于图。不仅如此,建筑师还必须是画过很多美好建筑及其细部的画家,只有这样,他们才能具备设计美好建筑的能力和资源。

绘画是对观察的逼迫

当我们真要画什么的时候,必须观察更多的内容和细节。理性也要介入这种观察。达到能够辨认的认知程度是远远不够的。所以,绘画是对于观察的逼迫,同时也是主动的探索。我们平常不必认真观察的信息会受到关注。绘画需要的逼迫会形成更加丰富、全面和精确的认知。这可以定义为一种绘画级的认知。只有这样的认知水平才能使我们在需要的时候默画这些事物,在需要这些认知资源的时候能够随心征用,也只有绘画级的认知才能对设计创新发挥作用。

可见,绘画不仅仅是一种表达表现技能,更是锻炼观察能力、理解能力、认识能力的体操。因绘画锻炼而获得的超于常人的观察、理解、认知、记忆、联想、建构事物和场景的能力，是设计能力的基础与核心。

图形是思维的平台和阶梯

我们做建筑设计，谋求新颖的方案，这个过程就是一个将想法变为图形的过程，但这个过程通常不是一蹴而就的，不是从唯一的想法直接变为唯一的方案的。初始的想法往往不成熟，首次形成的方案图也经不起推敲，所以需要许多步这样的思考和转化过程，每一步所形成的图形都会成为下一步思考的平台和阶梯。一步一步，思考和方案会逐渐深入和完善。这个过程给我们提供的思考和选择也在不断增加，直至一个让人满意的方案出现。做设计就是做选择，就是在自己提供给自己的多种方案中做选择，而各种方案只有在画出来之后才能做选择。没有画出来的想法是不可靠的，是不能参与有效选择的。

在设计过程中，思维的图形转化过程能够顺利和高质量实现非常重要。这包括过程的高质量和成果的高质量。如果这个过程因为技术原因受阻，思维就不能顺利地转化为所希望的和令人满意的图像。如果这个过程实现得很痛苦，我们就会厌烦和畏惧这个工作，那么我们获得好方案的机会就会变得很渺茫。体会不到快乐，我们就不会在成为优秀建筑师的道路上走得太远。而决定这个转化过程的能力就是绘画能力。

一个画家，并不是天然的好建筑师，甚至一个好的建筑画家也未必是好建筑师，但在一般情况下，一位建筑师的绘画能力与设计创新能力大体存在着正相关性。而且，画画好坏不仅影响着一个人能否成为一名好建筑师，尤其影响着他或她能否成为一名在专业上自信的快乐建筑师。

高质量的思维—图形转化过程，不仅仅是事关情绪和成果的问题，而且画的过程本身就是一个思维的发展演化过程，这个过程对于设计成果而言更具决定性作用。

“绘图过程和绘制出的图案都可以激发想象，进一步提升视觉思维过程，促进隐喻式的思考方式。绘图经常让我们看到所画事物之外的东西，可以引发其他可能。一系列探索性的绘图，即便是完成有先有后，也可以看作并列在一起进行二选一的比较分析，产生新的创意。”

“我们不仅能够以绘画表现自己的想法，还能探寻画面中新的可能性。绘图时每一根线条都有阐明画面含义、改变或增添深度的潜在能力。”

创意建筑绘画.程大锦著.天津：天津大学出版社，2011.7

当我们承认了图形是思维的平台和阶梯，就不能不承认绘画的意义和价值远超我们的想象，灵巧能画的手是让我们思维走向远方的舟车和自由翱翔的翅膀。我们如果只是想而不去画，就会成为只会说却不会做的外行人，或者只靠抄袭混饭吃的劣等从业者。

设计思维的伸展模型

图形是进一步思考的平台和阶梯，在每个平台上都会延伸出许多新思考新想法，这些想法只有一部分让我们觉得有必要继续形成新的图形，用以发现、印证、联想、比较和筛选。设计思维就是在这种思考—筛选—形成图形—再思考—再筛选—再形成图形的过程中深入、发展和完善的。不能被转化为图形的想法就处于不确定和含糊犹疑的状态，就像思维的某种随机涨落，方生方灭，随时闪现又瞬时被新的想法所湮没，刚刚产生便被遗忘，这样的思维本质上就是处于停滞和混沌状态。

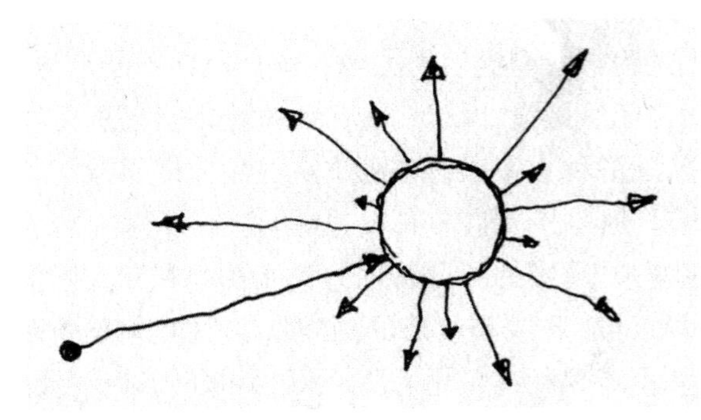

图形就像想法的根据地。有了图形这个根据地，想法才能稳固下来，才能进退自如而不被消灭。只有转化绘制为图形的想法才会受到关注，并有继续发展演化的可能。每个图形一经产生就是一个独立的生命，会超出创生它们的想法的局限，彰显出更多的新意义，引发更多的新解读，导致进一步的新想法。就像我们把泥、木、颜料塑造成菩萨，而我们在菩萨身上看到和想到的却不再是泥、木和颜料。图形不断激发新想法并超越旧想法，这个过程通向无限的新和无限的未知，因而其本质便是创新和创造。

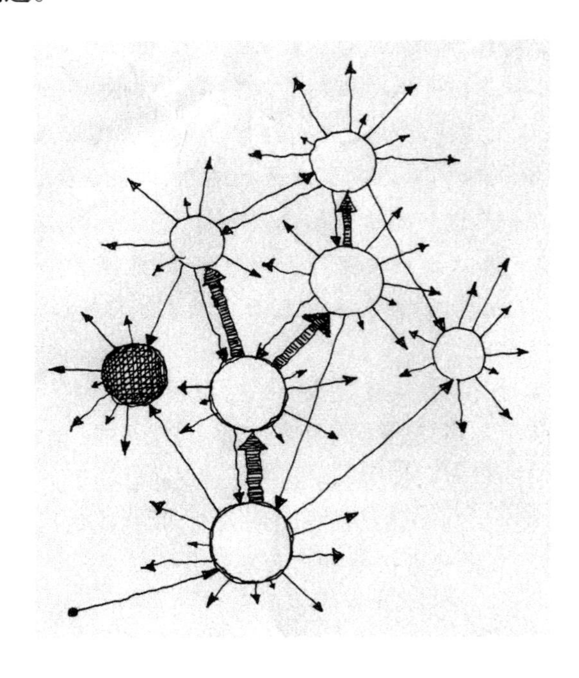

指思维转化成的图形。形成图形才可能引发更多新构想,才可能建立图形与思考间的复杂关联,才能使思维内容和思维线索更丰富,才更可能产生让人满意的新方案。

指由图形引发的新想法。有些想法可能很强烈,有些想法则微弱含糊,一闪而过,但想法的价值与强弱没有关系。被判断为有价值的想法会被转化为新的图形,不能被形之为图的想法会慢慢被忽略、淡忘,湮灭于无形。

被形成图形的想法。我们不会把上级图形可能产生的各种想法都形之于新图形。形成图形的想法通常是在众多想法中筛选出的被认为是优质的想法。画图需要时间和精力,被认为劣质的、被否定的、被认为价值很小的想法是不会被形之为图的。但形之为图的结果不一定如人所愿,新图形要继续被审视、挑剔、筛选,会反过来影响我们的思考,引发进一步的新思考和新图形的形成。形之为图的过程实际上是思维继续扩展和新思维平台不断搭建延伸的过程,也是想法不断深入、方案不断完善的过程。图形既是思维转化的结果,也是思维继续前行的道路和桥梁,也可能是某个方向的思维的尽端。当然,所有的判断和筛选都是主观的,而不可能是客观的,所以被一时否定的想法,很可能会再次受到重视,甚至成为最终的方案。而我们能够把这些重新受到关注的想法找回来的前提则是它们曾经被转化为了图形,否则,被找回的可能性便很小,也无所谓找回不找回了。

指被形成最终成果的图形。成果图形不是被规定的,而是审视、挑剔和筛选的结果。某个图形成果——在建筑设计中就是某个方面的方案——被认为较好地满足了设计者的想法和要求,无法延伸出较之更好的方案,或者已经没有继续思考的时间的时候(这也是多见的一种可能),便作为最终的设计方案被确定下来。

上面这个思维与图形的转化延伸关系模型大体展现了绘图在设计思考中的意义和作用,实际过程可能会更复杂。从某个图形上会延伸出什么样的想法,什么样的想法会被筛选,筛选的标准和取向等等,都是由思维的经验和各种潜意识动力所决定的。不同的人面对同一个图形所延伸出的想法群会非常不同,这些不同便是人的偏好不同和水平不同。可以看出,没有这些被画出的图形,我们就无法建立不同时、序产生的图形及其所引发的各种想法间的关联;没有绘图,思维就不可能延伸到很远的地方;没有画出来以前,思维永远是暧昧和模糊的,以为得意的想法,一经绘制成图,也可能会发现原来一文不值。

绘画累积习惯动力

绘画除了收获图形,还形成并累积习惯动力,体现在思维和行为两个方面。

绘画形成的图像记忆，会在设计的过程中成为形式联想的先在动力，牵引思维向熟悉的和经验过的方向发展。绘画也是一个行动过程，这个过程太复杂，并不完全受意志所主导，不是我们想画好就能画好、见别人怎么画自己就能做到的。好比游泳和骑自行车，许多动作并不是由意志决定的，而是不自觉地遵从着先前的身体经验和身体记忆，思考和意志驱动根本来不及。绘画的过程是认识能力、主观意志、行动能力综合作用的结果。绘画能力是长期锻炼的结果，手、眼、脑长期协作才能做到得心应手，这和游泳、骑车别无二致。协调的动作和能力背后，是由先前累积的身体经验所支配的。身体记忆为连续协调的微观动作提供着指令和动力，使身体下意识地完成各种习惯了的动作和流程，这种身体记忆和经验在我们画画的时候是不会无动于衷的。从某种意义上说，身体是可以思考的，手是可以思考的，画的过程也是一个手和整个身体的思考过程。决定游泳或骑车姿势的通常是我们的身体而不是大脑。身体思考所依据的便是身体的记忆和习惯性经验。我们走路、跳跃、吃饭、拿稳一件东西等，不是大脑思维的结果，而是身体思维的结果，是身体的驱动，而不是意志的驱动。这也说明我们是被经验塑造的独特个体，是被社会和自我双重建构的综合体。一个画家就是由大量的绘画经验所建构的。

根据上面的分析可以设想，我们绘制设计草图的时候，先前的绘画经历及其所建构的思维动势和行为动势会悄悄地参与设计的过程，成为参与、影响甚至支配这个过程的动力之源，它们和头脑中积累的形象资源一起，大体上决定或局限着设计的过程和结果。

另外，所有画进头脑中的材料，都不是简单堆积到一个被称为大脑的仓库中的，它们进入的是一个加工厂和制造车间。大脑是一个具有高度建构能力的智能整体，新信息新资源会与先前的智能整体融合为一个新版的智能整体。这个智能整体首先是一个经验体，一个活的思维生命体，它有自身的结构和动力机制。过往的经验和记忆构成它的先在取向，成为处置新信息的依据和潜意识动力。我们画过的那些美好形象和画的过程一起，最终将变成某种潜意识的和本能、本质的东西，塑造着我们的智能整体，并为后续进入的信息提供定位框架，为思维和行为提供参照和动力。

绘画就是创造

不论是对实景的描绘，还是对内心幻象的捕捉，绘画都是一种创作。绘画作品一经产生就是一个独特的生命，常常不仅仅是把我们带向它所来自的地方，而是把我们带向一个它所开创的新世界。绘画是一个通向更多未知事物、未知形式、未知世界的过程，是一个创造的过程，每一幅画都是一座通向新未知的桥梁。绘画对于建筑师而言是表达思考、验证思考、延伸思考、创新思考最有效最便捷的手段。

“我们必须把绘画过程看作一个创造性的尝试过程，这一过程的核心是推测性的深入思考。绘画是模糊的——我们绘出自己的想法却不完全清楚将会画成什么样子。绘画鼓励深入思考——绘画反映了我们的构思想法，同样提供了探索和发现的可能。绘画激发创造力——它操控着真实与想象之间的空间。”

创意建筑绘画.程大锦著.天津:天津大学出版社,2011.7

大自然的创造是各种尝试和物竞天择，建筑设计和创新的过程也是如此。设计的过程就是各种尝试、创造和筛选的过程。尝试、创造的手段就是绘画。甚至连画的偏差偏离这类看似错误和水平不高的问题，都很类似于生命演化中的随机变异。这些看似随意的地方，实际上也是创新的机会、土壤和种子。总体来说，对建筑师而言，绘画就是创造，就是建筑师使建筑和城市推陈出新的手段。

写生与图文笔记

影响和决定建筑师设计能力的绘画方式大体有两种，一种是建筑写生，一种是图文笔记。

写生通俗来讲就是在大自然中作画，在现场作画，直接描绘实景实物。速写是写生的一种方式，特点在简于练和快速。建筑写生通常以速写为主。写生因所用工具的不同而分为多种形式，比如钢笔写生、铅笔写生、水彩写生等等。钢笔写生简便易行，作品容易保存，辅以彩色铅笔或马克笔，画面效果强烈而精彩，因而最为多见，也是本书谈论写生问题时主要指称的对象。

所谓图文笔记，就是图、文结合，以图为主的笔记。建筑师用图文笔记来记录让人感动的建筑和它们的细节，记录突然浮现的形式灵感，记录所有让我们觉得美好而有趣的形式或形象。图文笔记直接服务于设计，是用于设计的形象资源的主要输入方式。

写生和绘制图文笔记既能锻炼人的图形表达表现能力，也能积蓄创作动力和创作资源，还能提升人的审美品位和境界。它们能以全营养的方式培养建筑师的职业能力，这包括对美的感悟力、敏锐的观察力、图形表达表现能力、创造创新能力等。最为关键的是，它们能够帮助建筑师把感动和让人感动的形式铭刻于心，并使它们有可能在设计过程中参与进来，成为思考的动力和质料。写生和图文笔记应当成为建筑师的日常功课。设计和画草图则是用修炼的功力解决问题。好的设计总是长期积累和短时努力综合作用的结果。

附录：杨廷宝先生谈写生

素描和速写，可培养一个人概括表现对象的能力：要求在短时间内用简练的笔触来表达对象的准确轮廓，景物的虚实、远近、明暗，甚至气氛意境。如何把景物组织在一幅画中，并使整个画面协调，这又是构图的训练。

学建筑的人多画点速写很有好处。首先，建筑设计从某些方面来说，是一种形象思维。如果说速写是直观的记录，那么，设计草图就是构思的记录，两者触类旁通。画得多了，久而久之无形中思维能力就会提高。

再者，写生多了，对建筑的比例、尺度，不需过多地硬记数字，可以部分地依赖自己的直观（感受）。我画古建筑就常常信手勾上几笔，尺度差不离。这种尺度概念的掌握，对学建筑的人甚为重要。

此外，速写也是收集资料的一种方法。通过自己亲身实地测绘画下来的东西，往往印象很深，经久不忘。我以为这是一种学习方法，也可以说是我的“癖好”。

“聚沙成塔”——知识全靠勤奋和积累。科学技术知识如此，造型艺术也是如此。多看多画好的单体建筑，可以提高一个人的建筑艺术素养。

平时出门开会，我随身总少不了笔和小本，经常将需要的对象画下来。时间充裕时，画得仔细些；时间少则寥寥几笔，勾个轮廓。每张画都记上年月，这是画“日记”，久后再看，饶有兴味。

近年来，我常用钢笔速写，钢笔在线条浓淡的表现上虽没有铅笔好，但易于保存。这时，对景物的远近层次，只能用线条的虚实来表示。在只求某个细部纹样时，白描画法也未尝不可。速写主要在概括示意。

在做学生时，我曾画了一年多的人体，都是一至两个小时的快作业。画人体比较难，它训练人们准确掌握轮廓和明暗效果。真正要画好人体，最好还是要学点人体解剖学。对我们学建筑的，就可不必这么苛求了。

杨廷宝（口述）

本文节选自《杨廷宝素描选集》（南京工学院建筑研究所，中国建筑工业出版社，1981），原南京工学院建筑研究所晏隆余整理。

2/壹　建筑写生

写生有不同的形式、目标和内容。写生工具不同，面对的问题也会不同。面面俱到谈写生既不可能也没必要。后面谈写生大体以建筑钢笔画写生为背景，谈一些认识问题和应对策略，其中许多方面是无论哪种写生方式都要面对的。

为什么要写生？

写生不同于临摹照片和建筑画，当我们面对纷繁复杂的建筑场景时，就要对场景作细致、全面、整体的观察和审视，以获得绘画需要的深刻理解和记忆。写生不但能获得画面成果，还能获得感知感受上的第一手资料。

写生不是简单地将场景描绘到纸上，画什么和怎么画就是个问题。首先要对场景进行提炼、概括、简化、取舍，要整体观察整体控制，不能见什么画什么，这就决定了写生必然是一种创作。习惯了临摹照片和建筑画的人，开始写生会难以适应，因为它们在许多方面是不同的。写生多了，就会爱上写生，因为写生能让人感受到创作的自由，内容取舍、细腻粗放全由自己做主。

有写生经验，才更有能力欣赏别人的画作，知己所不能方知人之高明，才能懂得别人画作的妙处，也才能渐渐具有更加专业的欣赏水准。

写生是和场景的深入对话，是有目的的表达与表现，是非常自由的创作。一些场景拍成照片会很平庸，而写生作品却能将场景表现得生动脱俗，连一丛杂草都可以画得光彩动人。

写生不但能捕捉感动，还能强化感动。当场景变成了画面，那种激动让人刻骨铭心，翻看过去的画作，其情其景，历历在目。

写生的意义难以尽数，引无数大家在这个领域播撒才情。许多老一辈建筑师和建筑教育家，如杨廷宝、童寯、梁思成等先生，都有很深的绘画写生功底，他们留下了大量优秀的建筑写生作品，每每翻看，感触至深。

画什么？

我们周围并不缺少建筑，但却总是缺少可画的建筑。从纯技法训练的角度看，画哪个建筑都锻炼人，但问题是难看平庸的建筑不一定好画，当结果不让人期待，过程就会变成没有希望的煎熬。所以，初涉写生，不要画那些平庸和消极的东西，要有感而动，因美而动，选择那些美好的建筑和场景去画，通过它们认识美何以美，激发并调动我们的创作热情。

把平庸的题材画得不平庸是一种很高的境界，但这种境界只有才情兼备时才能达到，初学者则不宜勉强为之，因为容易挫伤自己的兴趣，于提升境界无益。

当然，美好建筑的标准很难确定，但经过一段时间的学习、认识和比较，我们会慢慢有所体会。那些在书上看到的伟大建筑会慢慢告诉我们什么才算是好建筑。好不好是比较出来的，我们不能解释什么是漂亮，但我们在一个女生是否漂亮的判断上常常有高度的共识。好建筑的道理也一样，在讲不出理由的时候，先相信自己的直觉，我们的认识会慢慢清晰和深刻。

除了建筑，大自然也是重要的写生内容。所有的美和美的规律，首先蕴含于自然和自然的规律之中。人的审美取向是自然力量之延伸。自然是塑造人的健康审美标准的最本质力量。这个力量的价值具有比建筑审美更高的层次。建筑的审美观念在某些时代和某些人那里，可能是扭曲的、荒诞的，甚至是以丑为美的。最终，只有大自然对人类的熏陶才能把那些偏离了人性根本的审美取向重新扭转过来。所以，真正的自然永远是审美方面的健康力量，甚至可以说：自然的就是美的，自然的标准就是美的标准。正因如此，感受自然，摹写自然，对每一个画者而言都是必修的功课。作为一位建筑师或学建筑的同学，画自然景物不但不是目标的偏离，而是更为本质的修炼。

描绘自然，描绘传统建筑，描绘那些不能直接用于设计的美好场景，都是写生的常见内容，看起来与设计的距离远，但其意义和效用却更加基础和根本。

根底在素描

时下各地涌现出许多建筑手绘的培训机构，有些老师的手绘水平非常高，但这些人的高超技艺却是在培训班学不到的，因为他们多是美术科班出身，而且是专业里面的佼佼者，他们的水平来自长期的学习和磨炼，你看着他们怎么画也学不到那两下子，根本在素描功底的差距难以逾越。素描功底好的人学什么都快，画什么都容易画好，因为素描训练给了人眼力、方法和随意支配的手。突击培训能让人学到一些浅层技巧，但不能解决根本问题和水平问题，尤其难以使人在情怀上有所升华。

画素描能培养作画者一套观察事物、分析场景、描绘事物的科学方法，比如从大到小、从整体到局部的方法，在整体关系中定位细节的方法，等等。画素描能锻炼人的眼力。人物素描差一点都不像，这就迫使绘画者锻炼出准确控制事物形状和比例的能力，能分辨出细微的变化和差异，从而锻炼出准确的造型能力。画素描能锻炼人的画面构成能力，做到虚实得当、主次分明、重点突出、构图美观。画素描还能锻炼人运用线条、排列线条的技巧。素描能够培养写生所需的全部技能和素养。我们与高手之间隔着的那段难以跨越的距离就是素描功底之差。

做什么事都要有方法，但决定方法的则是能力，有什么样的能力才能有什么样的方法。素描水平体现着绘画的能力。一个素描高手用的方法，初学者就用不了。老师轻松做成的事自己愣是做不成，老师能用的方法自己用不了，这就差在能力上。本书后面介绍的某些方法可以说是基于笔者自身素描能力的方法。如果本人素描能力更强些，可能就用另外的方法了。

素描是所有造型艺术的基本功。只要从事图形、造型方面的设计工作，足够的素描训练是必需的。在建筑系里，那些手绘能力强、艺术素养相对高的学生，大都接受过素描训练，这使他们在手绘能力和建筑设计等各个方面都表现得出类拔萃。利用假期时间静下心来画画素描，会对我们手绘能力的提高有更为根本的助益。

基本原则

素描和写生的原则是相通的，即先控制大的和整体的，再着手小的和细节的，如果反过来，画着画着就画乱了。初学者常常从局部开始画，逐步推着走，这样容易把局部画得很详细，且越画越大，造成构图不当和纸面难容的局面。写生的原则也是各行各业广泛适用的原则。企业管理或建筑设计都要遵循这个原则。

绘画本质上是画关系，其是事物在大小、明暗、深浅等方面的相对关系，关系是一个整体，每一部分的大小、长短、浓淡、轻重的分寸都要放在整体关系中去衡量，失去整体，失去关系，画每一笔便都没有了依据，也就不可能画出关系准确的好作品。

坚持画完

开启了一幅写生，就要坚持画完，即使明知这幅画出现了问题，也要坚持画下去，并在后续进程中尽力修补和完善。你会发现有些问题慢慢变得不那么明显了，有些则是可以弥补的。完善画面有许多方法，应对有术本身就是一种能力。坚持下去，在最终完成的作品中去定义问题的性质，寻找应对策略，加深对问题的印象，下一次就能获得长进。补救的经验也是画画的经验，有些补救甚至好于有意为之。频繁废画，半途而止，不利于吸取教训、积累经验、迅速提高，成长的机会也会因此丧失。坚持画完，还能磨炼自己的耐心和应对挑战的毅力和决心。

比例

比例、透视是画面的关键和骨骼。比例有问题，看着就不像了；透视有问题，空间看起来就扭曲了。控制好比例、透视对初学者来说是一件困难的事，跨过了这两个障碍，画面才能看起来像个样子，才算是初步会画速写了。比例、透视是画面的骨骼，骨骼端正，画面才能立得住，这个问题在建筑写生中显得尤为关键。

比例是形式长短大小的对比关系。比例决定着事物或场景的形状和样貌。比例常常借用简单、明晰的几何关系或等距等比关系进行控制。要先控制大形的比例，再关注小形的比例，先分大块，再分小块。要善于利用景观中包含的形体边线作为控制参考线。正方形、等距、等高、三角形关系是控制比例最常用的简明关系，我们要在景观中找出一些这样的形式关系，通常用斜线和它们的角度来控制高低错落的关系。

画画不可能没有参考线，根据自己的能力，既可将之放在心里，也可在图面上浅浅地标记出来。有些参考线，会被后来的绘制内容所掩盖，或者看起来效果并不错，所以，绘制的参考线不必着急擦掉，需要擦拭的参考线也要等到墨迹坚实后再作处理。

透视

绘画是在二维平面上表现三维事物和场景，这就要求画出的线条符合客观事物的透视规律。透视是我们在画面中判断事物大小、位置和距离的内在逻辑。它不但使我们能够判断出近大远小的是同一个事物，还能辨认出某些事物不是在远处的，而是飘在空中的。

学习绘画必须了解透视的基本原理。为了控制好场景的透视关系，要在正式绘画前先标定一下视平线的位置，如果有灭点在画面中，也要用铅笔把灭点浅浅地标记一下，这样确定形体边线的透视角度和透视方向就有依据了，画起来不至于有太大的偏差。

透视的一般规律是：视平线以下的事物看不到底部，只能看到顶部，反之，视平线以上，只能看到底部而不能看到顶部；视平线下的线，向上朝灭点倾斜，视平线上的线，朝下向灭点倾斜，这也是判断透视是否正确的一个简便方法。

空气透视

空气不是一种全透明介质，透过越远越厚的空气看到的东西，会越来越浅淡，越来越模糊，越来越接近于背景，直至和远天融为一体。空气仿佛把远处事物的颜色、质感和光影洗掉了一样，这就是所谓的空气透视。

空气透视现象与距离的表现有关。为了表达空间感、距离感和层次感，就需要根据这种现象对远近不同的景物作相应处理，近处光影浓烈，轮廓清晰，色彩饱满；远处色调浅淡，光影柔和，对比渐弱。加粗线条、色彩浓烈、强化对比会使所描绘的事物具有向前突出的印象，而线条浅细、边界模糊、色彩低调则会产生后退远离之感。

唐代的王维在《山水论》中说：

“凡画山水，意在笔先。丈山尺树，寸马分人。远人无目，远树无枝。远山无石，隐隐如眉；远水无波，高与云齐。”

这段话论述的便是利用空气透视规律表现远处事物的方法，近大远小，近实远虚，近详远略。

学习与临摹

为了更好地写生，平时当然有必要做一些单项练习，比如画人、车、树、砖、瓦、石等。前人在表现这些素材方面积累了丰富的经验，也有不同的表现风格和表现方法，他们的作品非常值得学习和临摹。日常训练能节省写生时间，提高面对实景时的应对能力，积累概括和简化各种景物的实用技巧。

需要提醒的是，学建筑的同学要选择适合快速表现的绘画风格来模仿，以适应专业的需要，这对快速设计表达与表现有直接帮助。画场景素描不仅难度大，也不容易锻炼快速表达表现的能力，这种风格不适合建筑师学习。建筑写生比较适合线描加重点部位上调子的做法，这种画法表现快速，重点突出，画面精彩，应多临摹这种类型的优秀画作。一边写生，一边探索模仿，这样会成长得更快些。

画多长时间？

画一幅写生用多长时间不能一概而论，这和描绘对象的复杂程度有关，和自己的绘画能力有关。以个人经验看，两个小时左右为宜，或者说一至三个小时，特殊情况另说。两个小时的时间大体是一个人的体力和耐心能较好支持的时间，时间太长人就容易体力不支失去耐心，激情也会平淡，这对画出好作品非常不利，不是画的时间越长就越有利于出精品。两个小时对于完成一幅中等复杂程度的写生作品也就够用了。

对于初学者，先不要挑那些过于复杂的建筑或场景去画，这非常容易产生挫败感，打击自信心。写生要选择既能大体胜任又有挑战的难度的建筑或场景，要保护自己的写生热情，要循序渐进。

另外，写生时间过长，场景的光影关系会发生大的变化，画面感迥异，光影关系也不容易画得一致，这会增加写生难度，这也是写生时间不宜过长的一个原因。

打稿

高手不打稿也能画出好作品，但对于初学者来说，还是建议先打草稿。打稿方式和简繁程度可根据自己的习惯和能力而定，最简单的，可以目测规划一下画面内容，然后点一下灭点和其他重要控制点，规定一下关键位置，感觉能控制得住即可。初学者可以用较软的铅笔（如 2B 铅笔）浅浅地勾勒出透视线、灭点和大的形体框架。稿线简繁以自己有控制力为标准，在这个前提下，宁简勿繁。事实上，没有绝对不打稿的人，表面上不打稿，实际上有腹稿，只不过是经验老到，不必呈现于图面而已。

底稿过于详细一方面耗费过多时间，另一方面会使后面的绘画过程变成填充操作，反而让人放不开，画面也容易缺乏灵性，显得拘谨刻板而不生动。

对于钢笔写生，等作品完成后可以把浅浅的铅笔底稿擦掉。底稿太深太乱，就不容易清理了。如果是画铅笔画，则底稿务必要少而轻细浅淡，保证作品完成后能把底稿痕迹完全覆盖。正因如此，只要不打稿也能控制住的地方，就不要打稿，一些不需要太精确的树木配景，就更没必要打稿了，直接画，一气呵成。

绘画顺序

打完底稿，开始画了，就有一个绘制顺序的问题。首先要画有遮挡能力的重要前景，比如前景树的树干或前景人物等，先画出它们的轮廓，这样就可以避免在画后面的景物时侵入其轮廓中了，这就是从前往后画。其次是从上到下从左往右画，这样可以避免频繁涂抹已经画好的部分，容易保持画面整洁，也便于一边画一边观察效果。在前面两点的基础上，则是要从重点部位画起，逐渐向次要部分延伸。

还应注意的是，不要一部分画得很深入了再画另一部分，刻画总有先后，但每画一步，都要看看画画其他地方，要一直保持画面整体的协调，要层层深入，整体深入，直至完成。除非特殊情况，否则不要把局部色调一次上满，这样能及时发现问题进行调整，容易控制整体效果。由浅入深还有余地，由深入浅则不再可能，对于钢笔画尤其如此。

重点和取舍

一个场景，其中必有让人关注和感动的东西，也有相对次要和可以忽视的东西，在写生时，要有所强调、有所取舍，不能面面俱到。有放松才能突出重点，哪都抓得紧，重点也就不突出了。不分主次，铺满整个画面，既是不必要的，也是不可取的。画画实际上是在画美好、感动、关键和精彩之处。

一般来说，近的、重点的、关注的、精彩的、有趣的部分要浓墨重彩刻画，宜绘制光影，增强明暗对比；远的、次要的、平淡的部分，要相对放松，可以细线白描，由浓渐淡，直至省略，可忽略光影。

画画不是照相，不能有什么画什么，有的不一定画，次要景观的位置、远近、间距等也可稍加改变，甚至没有的也可以有，只要情境合理即可。比如现在画面中没有人，画上几个人并不伤害真实性；场景中临时停了辆车，我们可以画它，也可以不画它，反正车辆本来就是可以开来或开走的。总之，绘画要兼顾内容真实和生动美好的统一。

绘画也是一种叙述，叙述不是重现，总有要说的和不必说的，要删繁就简，重点突出，紧要处要精彩细腻，次要处可一笔带过。

画出来和留出来

画是画出来的，但画面上的许多效果却是留出来的，留也是画的一种方式。比如画面中最亮的部分就不能画，一画就不亮了，只能留出来。把前景轮廓留出来，把亮面留出来，是非常重要的两点。对留白的兼顾和娴熟处理，大体能反映一个画家的水平和功底。

色调、肌理与素描关系

素描关系即物体黑、白、灰面及阴影之间真实的明暗对比关系，即使是纯黑的物体，也存在这些关系，有纯黑的物体，没有纯黑的场景。对于深颜色的物体，在描绘的时候就存在着真实色调与素描关系的矛盾，如果亮面按本色绘制，素描关系就会失去，就无法真实地表现这个事物。一些多纹理材料在绘制时也存在类似问题。画颜色、画纹理同时是在画调子。江南民居的黛瓦，黑颜色，楞线稠密，便存在素描关系与色调和纹理表达的双重矛盾。

处理这种关系的原则是素描关系优先。有矛盾的时候，可在维护素描关系的前提下适当关照色调和纹理的表达与表现。绘画效果要尽可能好地还原实景效果。深色调部分只要稍重刻画并略反常于普通事物的素描关系即可，这样既不违背素描关系，又体现出该部分的深浅是由色调引起的，而不是由素描关系的错误引起的。亮面的颜色和纹理要慎重画。色调和纹理着重在灰面和暗面部分表现。亮面部分在后期再根据整体效果稍作调整即可，根据素描关系，浅浅地示意一下，点到为止，开始画时，亮面一定要留白。

总之，要在素描关系中规定其他要素的深浅轻重，眼睛不要总盯着一处看，因为看哪哪清楚，而且这样会强化事物的原始色调，失去对相对关系的关注和把控，这时不妨眯起眼睛看看整体关系再说。

生动重于完善

建筑写生不同于精细的室内创作，很难深度完善、面面俱到，能在有限时间内抓住最令你感动的东西就很不错了，达到目的，就不必恋战。

有些场景比较复杂，因而若感觉画面有不完善的地方，回去稍作修整加工是正常和必要的，但脱离了现场、失去现场的感觉和感动、过度加工的结果往往并不好，加工后还不如加工前好是常有的事，后悔也来不及。写生作为一个画种，其特质在于生动，纵有不准确不完善处，也无大碍于作品的水准和价值，倘若加工得失去了生动，才是大大的不值。总之，对于写生作品而言，生动重于完善。

挑战

每当开启了一幅写生，实际上就是接受了一个挑战。能不能把这幅画画好，并不是谁在每一次都有十足把握的。经常信心满满地开始，而一旦画起来，仅仅是透视和比例，就能把人搞得焦头烂额，甚至快要画不下去了，如果周围还有人围观，就会更觉焦虑难堪。只有当画面主体得到控制，越画越出效果的时候，自信心和激情才会重新燃起，越画越快乐，越画越自信，也会忽视别人的围观，沉浸在某种满足感、骄傲感之中。关键是不要被前面的困难和挑战吓倒，唯有坚持，后面才能体会到应有的快乐。

这也说明，在开启一幅写生的时候，不要轻敌，要把可能的困难和挑战估计充分，尤其要耐心地把比例透视的框架搭好，盲目冒进，会使画面最终不可收拾，挑战失败，这难免会打击我们的自信心。所以，对于场景的难度要有一个评估，不要过于超出自己的能力范围。

围观

外出写生难免会被围观，这会给初学者带来一些焦虑和困扰，其实习惯就好了，专注于自己的创作，别人的干扰便容易被忽略。

也可以采取一些回避围观的方法。比如选择早起画画，这时多数人还没起床，街面上人还不多，早起有事的人一般也没工夫去围观，比较容易让人安心画画，等围观的人多了，自己的画也快完成了，画面效果也出来了，即使有围观的人也不会太在意。再就是尽量选择既有好视角又相对隐蔽的地方写生，这样的地方被围观的问题相对小些。

一方面要锻炼自己被围观时的耐受力，也要尽量选择一些能够让人安心画画的时间和位置，给自己安排一个好的写生环境。画得越好，水平越高，也就越不怕被围观。

工具

绘画工具和绘画风格与画法是有密切关系的。细钢笔宜用白描的方法绘画，辅以彩铅和马克笔做调子。细钢笔排调子会耗费大量时间，暗度也不容易达到需要的效果。如果用美工钢笔，则可以在重点部位上调子，尽量不要整体上调子，太耗时间，不适合设计草图和快速表现的需要。如果用钢笔彩铅或钢笔马克笔，能用彩铅和马克笔表现的调子就尽量不用钢笔绘制，有些地方甚至可以不画钢笔线稿，直接用彩铅或马克笔绘制和完善。所以，要根据自己喜好和习惯的绘画风格选择要带的绘画工具。

写生的工具要尽量简单，轻装简行，烦琐的装备容易使人对写生心生畏惧，不利于坚持下去，也不便于随走随画。对于钢笔写生，带一支英雄牌美工笔、一瓶英雄牌墨水，档次匹配，写画顺畅即可。钢笔画打稿可以准备一支 2B 铅笔、一块橡皮，如此即可。如果画铅笔写生，带 2B、4B 铅笔各一支即可，用哪一支或多带一支什么型号的铅笔随个人习惯而定，如果习惯了某一硬度的铅笔，带一支铅笔、一块橡皮即可。铅笔写生关键要带瓶定画液，画完铅笔画喷一喷，避免浮铅把画面蹭脏。本人比较喜欢用 27 mm × 38 mm 的大号速写本，感觉画起来比较酣畅，具体大小各依所好即可。

如果喜欢画钢笔彩铅画或钢笔马克笔画，那就需要装备上所需的彩色铅笔或马克笔。画笔品牌繁多，量力配备即可。在户外画钢笔彩铅比较方便，带许多马克笔会有所不便。

本人出外写生的配置是：

英雄钢笔一支或两支；

英雄墨水一瓶；

2B、4B 铅笔各一支；

橡皮一块；

定画液一瓶（画铅笔画）；

彩色铅笔一盒（画钢笔彩铅画）。

带两支钢笔的好处是，大体两支钢笔注满水便足以画完一幅速写，若带一支笔则中间需多注一次墨水，带两支钢笔中间只需换一下笔，比注墨水带来的干扰要小得多。

另外一个要准备的装备就是能放进包里的折叠小凳，这样只要找到合适的写生位置，就不愁有一个干净能坐的地方了。

自己可根据情况和绘画的数量，在工具上有所加减，总之，尽量少带东西，免生累赘。

姿势

姿势，就是画画时的肢体形态。姿势看起来与画画无关，实际上对画画的过程和结果还是很有影响的。

首先，眼睛不要离纸面太近，否则视野会变小，就容易关注细节，忽视画面的大关系。眼睛离画面太近，对于画出好画作非常不利，对视力也不好。

其次，要让画板或速写本正对自己，不要转着板子或速写本画，那样不容易把线画直，也不容易正常观察画面效果，对绘画水平的提高是不利的。

再次，画一些长直的线条要把手腕悬空，这样才能让整个胳膊和手协调运动，画出长而直的线。以手腕为轴画线，画出的线条容易有弧度，或者只能画一些短直线。为了能画出长直线，大体要手随线动。

姿势的关键是：

要能看得见笔尖；

不容易涂抹刚画的线条；

动作发挥顺畅；

便于整体观察；

不容易疲惫。

能做到这几点，姿势就没有大问题。

除了人的姿势，还有一个画面内容的姿势问题，即画面要在纸上摆正，要让视平线与纸的上下边平行，让竖线与纸的左右边平行，这样，横平竖直的线条就可以参考纸张的边线或者已经画出的线条了。

技法练习

为到外面写生作准备，为提高自己手、眼、脑的协调能力，在闲暇时做一些基础的技法练习是必要的。

A. 画线练习

最基本的就是画线条练习了，要把线条画得横平竖直不经过一定练习是做不到的。我们可以用纸边做参照画一些间隔均匀的水平、垂直线条，或者画一个图框，在图框范围内画平行线或垂直线。画线条的一个常见说法是“曲中求直”，徒手画线像比着尺子画的一样是不可能的，难免手抖和走偏，这就要求不断矫正线的走向，确保线的大势是直的，有时为了协调整个线条的感觉，可以人为地略微抖动，以呼应融合那些真正控制不好的地方，达到不露痕迹和风格一致。

画线的方向要从左至右、从上到下。这符合人们正常的行为习惯，与正常握笔的情况相协调，也能够在画的时候观察到所绘线条的效果，而且手是远离刚画出的线条的，不容易涂抹未干的墨迹，逆着来则相反，会带来一系列问题。

线条最忌讳的是虎头蛇尾和毛躁，开始很粗很浓到末尾很细很随意的线是非常难看的，这样的线会让人觉得它不是服务于所描绘的景物的，而是零散独立的线。毛躁随意的短线，给人一种没有耐心、缺乏训练、粗鲁的感觉，对画面的破坏性很大。

B. 定向画线练习

定向画线练习就是朝着一个点画线。这种练习主要针对在画建筑时，多数线条都要向灭点倾斜。在建筑中没有归属的线是非常少的，它们大多指向这个或那个、画面内或画面外的灭点。对于初学者而言，熟练而准确地朝着灭点画线，或者反向于灭点画线是有难度的，所以，有必要加强这方面的练习。

C. 画圆练习

在画画的时候，用到正圆的情况很少，练习画圆的目的在于锻炼手的控制力，以便能自如流畅地画出曲线或椭圆。

D. 交叉短线练习

这种练习能帮助我们画出繁复而有序的纹理图案。这种纹理关系有时可以用于表现墙面的旧痕，有时可以用于画树叶后面繁杂交错的纹理关系，有时可以用于绘制暗面色调，等等。这种排线方式可以让我们用简练的笔法概括出纷繁复杂的图形或背景。

许多画者都会在他们的书中介绍各种线条或笔法的训练项目，各种练习不胜枚举，可以自己学着练习，有些则只要在写生或临摹中顺便练习和体会就够了，不必专练。另外，不同的绘画工具有各自适合的技法，不能一概而论。中国画中的许多技法就不适用于钢笔画。每个人都会逐渐形成自己的技法习惯，也往往偏爱使用某些技法，而极少用到另外一些技法，这既是风格，也是局限，学习阶段则要博采众长，慢慢筛选提炼自己喜欢和擅长的画法。技法练习繁复枯燥，宜闲暇时随笔而为，宜结合写生、视觉笔记、草图设计来练习，做到学以致用，在用中学。

写生的境界

一幅好的建筑写生作品，首先要准确，就是比例准确、透视准确，做到这一点是写生入门的第一步境界。

第二步境界就是画面主次虚实的恰当处理。能抓住重点，不再面面俱到，画面有空间感和层次感，看起来洗练清爽、生动而有灵性，这便是第二步境界。建筑师在绘画中比较容易出现的问题就是哪哪都画得详细，虚实和层次处理用心不足，画面缺少灵性。在比例透视准确的基础上，若能实现这第二步境界，就能算上乘之作了。

进一步的水准则体现在线条的帅气、洒脱和自然上。线条是有表情的，用线的风格与内容要匹配。抖线适合表现古建筑，流畅挺括的线条适合描绘现代建筑，每种内容都有适合的线条去表现。做到线条的内在气质与表现内容的精神特质高度融合，画面就会让人有浑然天成、酣畅淋漓的快感，这样的作品就属难得的好作品了。画面的洒脱畅快之感，通常不是因为快，而是稳稳地画出来的。章法井然才是实现洒脱畅快效果的不二门径。钢笔画追求线条帅气，就像水彩画追求水味一样，水彩画要画出水味，水量要恰到好处，钢笔画线条的帅气，要的是章法和流畅而不是快速和随性。到线条这个境界，大体和画家的性格有关系了。

线条很基本，却放在高阶去评价，是因为如果前面的两点做不好，线条就不可能画好，单独谈线条好或不好是没有意义的。比例和透视缺乏控制力，下笔便会游移反复，不断矫正修改，也就顾不得主次虚实和线条如何了，也无所谓线条好或不好。所以，写生能力是一个综合能力，需要不断磨炼提高才行。

这种分阶侧重于技术层面的区分，从艺术上看，还会有更高的境界，关于情感、情怀和意境等，非三言两语可以描述。

锻炼手绘能力，最终还是为了用。素描和写生训练使我们有能力将自己的所思所想画出来。良好的手绘技能还能使我们在设计中获得快乐，从而让我们爱上设计。图形思考和表达表现能力可以说是建筑师的看家本领。手绘是搜集资料、感受资料的最好方式。只有画过的东西，才能在设计时被唤醒。走马观花的东西，不用的时候觉得有，用的时候却踪影全无了。写生的收获不仅仅是那些美好的画面和画面所承载的美好记忆，它所成就和完善的还有设计师本身。

曾经画过的素描和建筑画

素描是画者的基本功。素描水平是一个人绘画能力的体现。素描能力影响并决定着绘画方法。

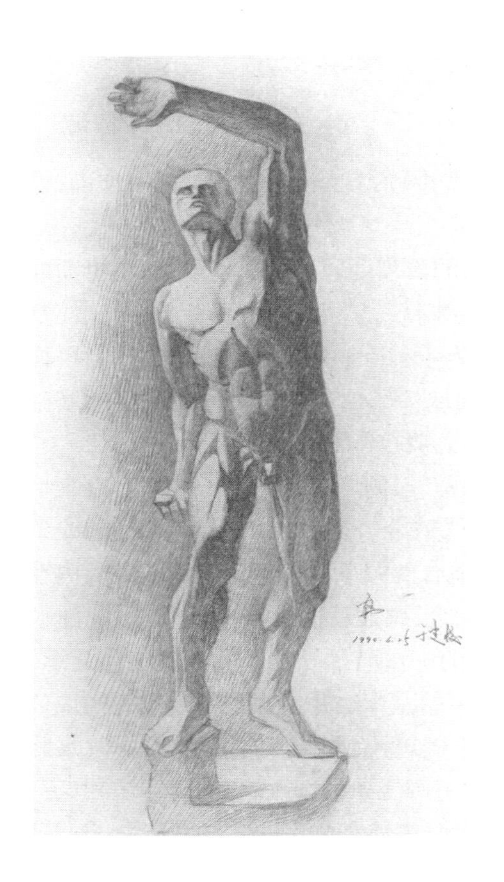

郭
1990.6.19于建校

早期的写生实践

写生是一个从不适应、画不好到乐在其中的渐进过程，坚持画，总会有收获。

1988.10.30
写于津解放路

1988.6.10

现场记录

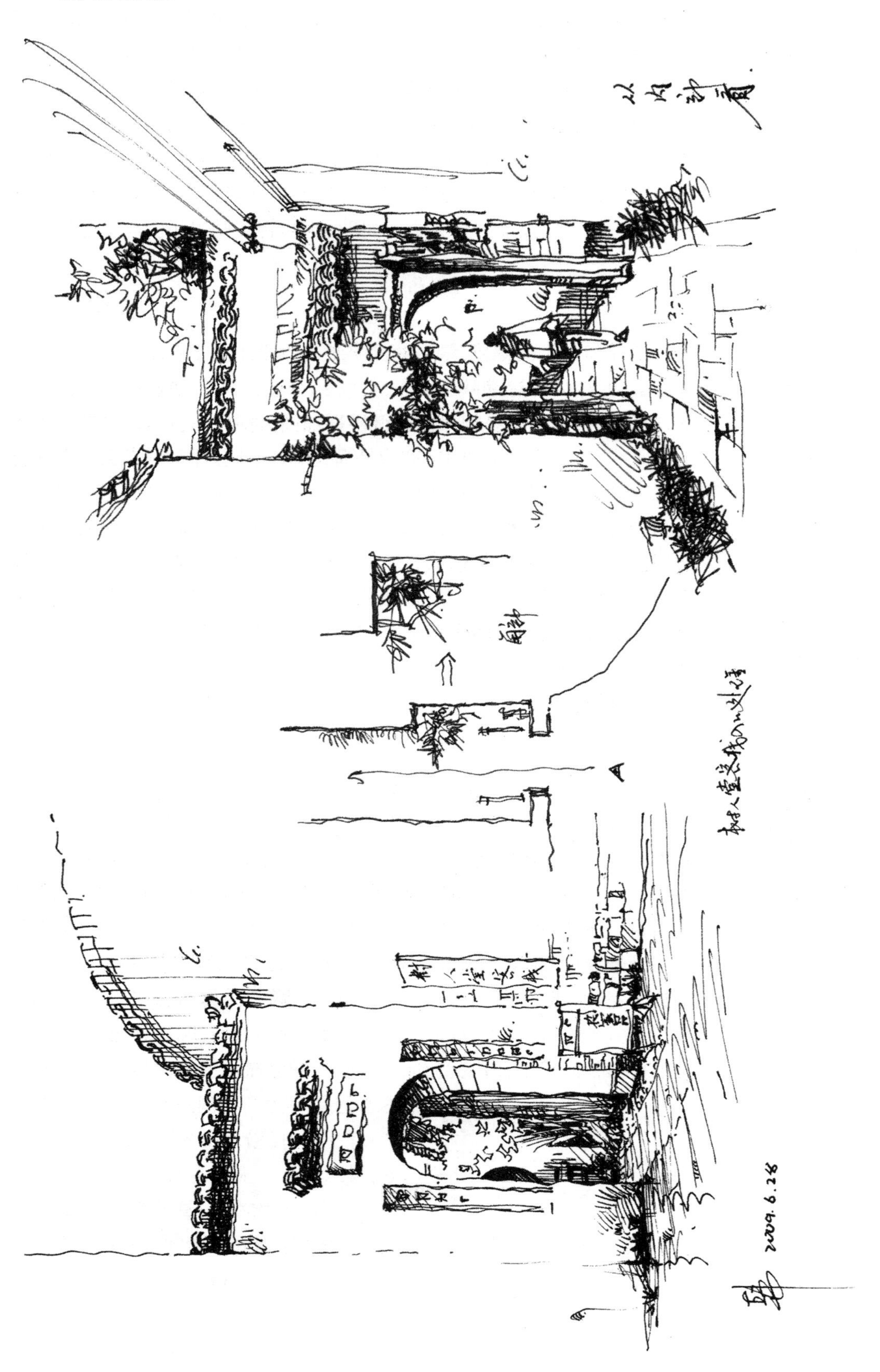

安徽宏村树人堂客栈大门布局及两侧景观

技法练习

技法练习的项目因工具、实用性、效率、效果、个人喜好而不同。

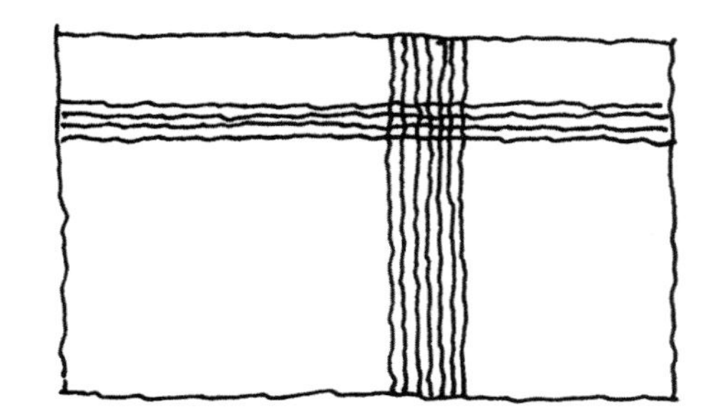

画线练习

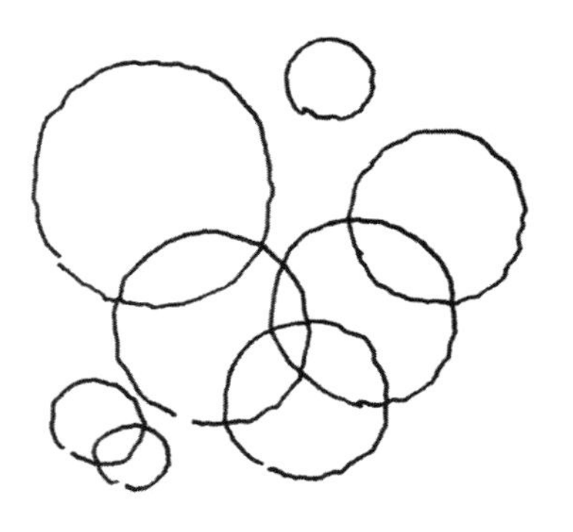

画圆练习

交叉短线应用于复杂背景的绘制，简单而高效，也可以说它是用于打底填缝的。

交叉短线练习

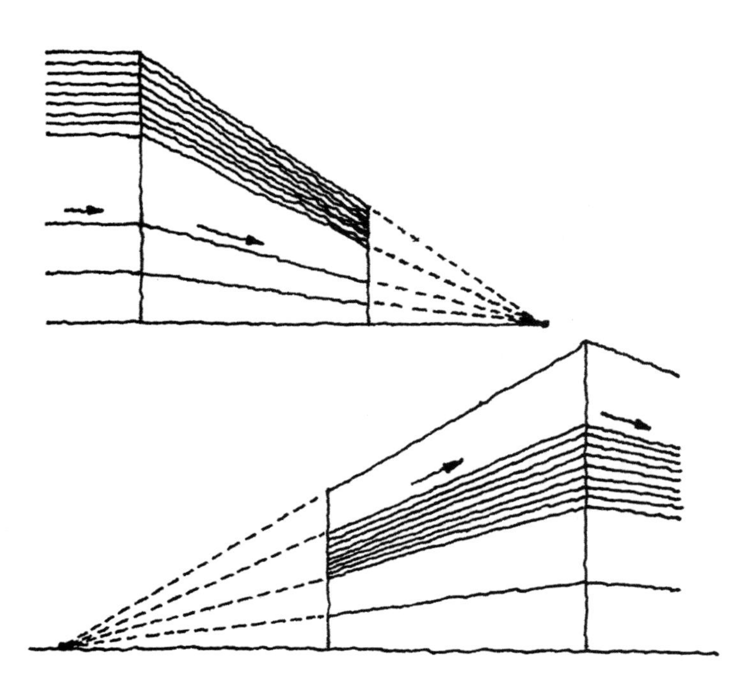

定向画线练习（模拟灭点定向）

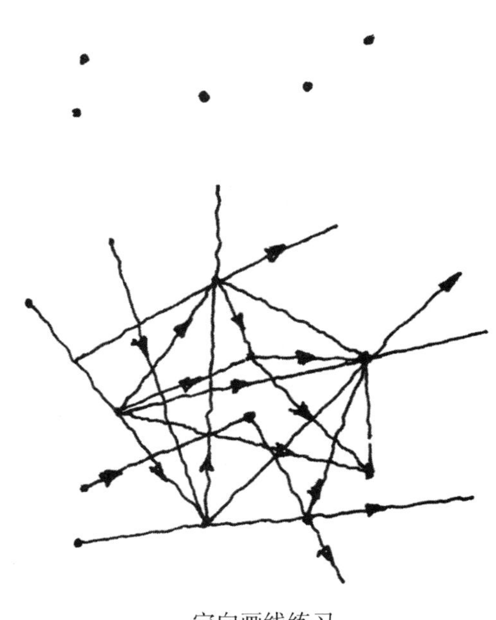

定向画线练习

技法练习

传统的技法练习主要讲画线条、做退晕、表现质感，这些都是非常有意义的。但有些方面在写生和绘制草图过程中即可得到足够锻炼，对这些技能而言，画就是了。除了这些练习，在平时还可以做做叠树叶、分树枝的练习，这不但可以练手，还可以感受干、枝、叶在分化和构成方面所体现的自然规律。如何将叶子累叠得符合自然规律，不千篇一律，变化而有序，并不是很容易的。做这些有针对性的练习对于画好花草树木和塑造环境会更有效果和效率。叠叶练习可以直接写生，面对生命，感受自然。在这方面，还可以参考借鉴古人和今人的好做法，如《芥子园画传》中的画点叠叶方法。学别人的技巧，感受大自然的造化，两者不可偏废。成熟自然的叠叶，放在枝上就是树冠，放在地上就是花草。掌握了干、枝、叶的组织规律，熟而生巧，寥寥数笔即能画出栩栩如生的花草树木了。这些日常练习，可以直接转化为绘制花草树木的技能并应用于建筑和室内设计的表达与表现图中。

画枝干最好以实景为模板，这样更真实而合于自然规律。可以自己找一些这样的模板，尝试各种树和各种画法，慢慢找规律找感觉，渐渐形成快速表现的技能。

枝干画法练习

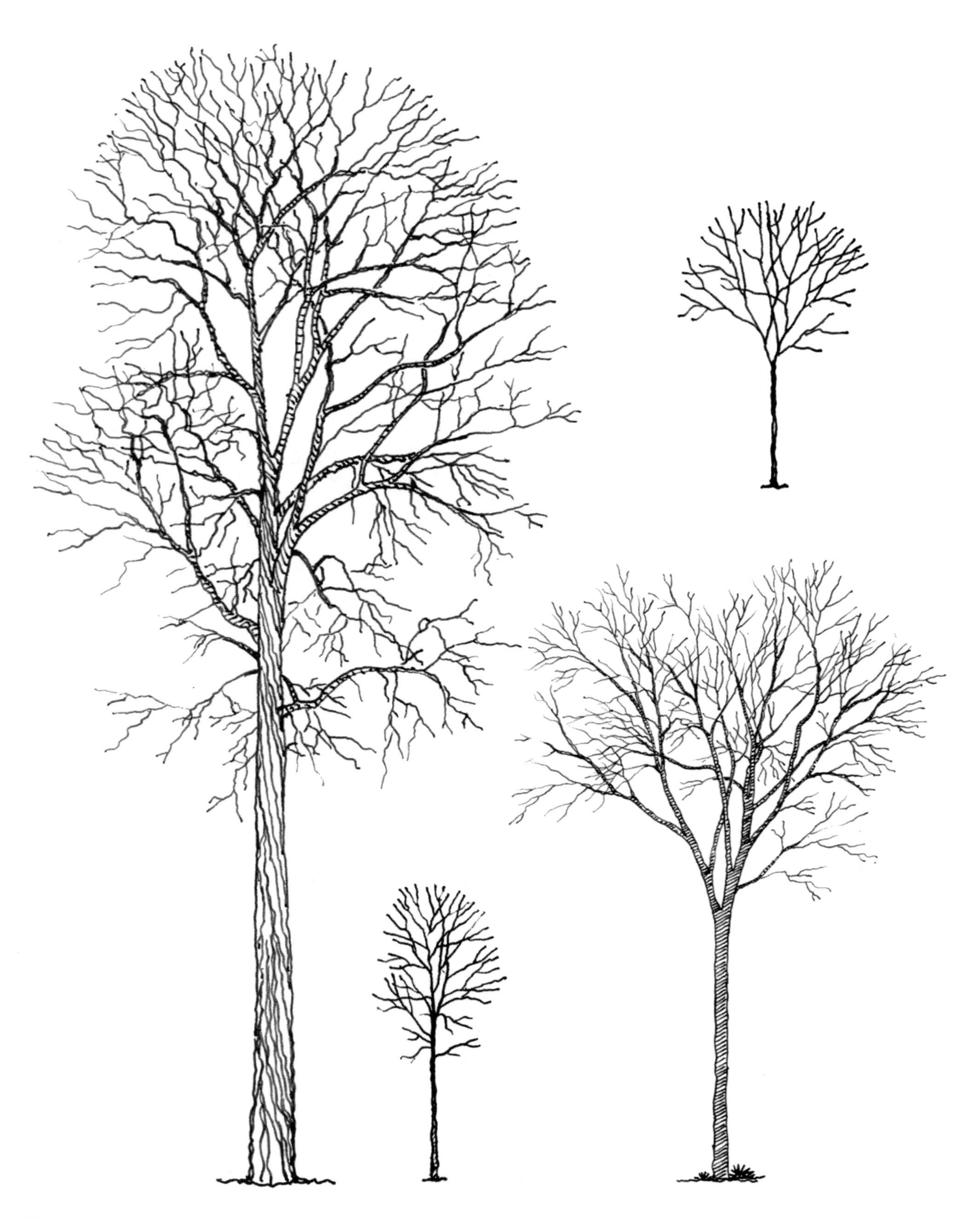

叠叶练习

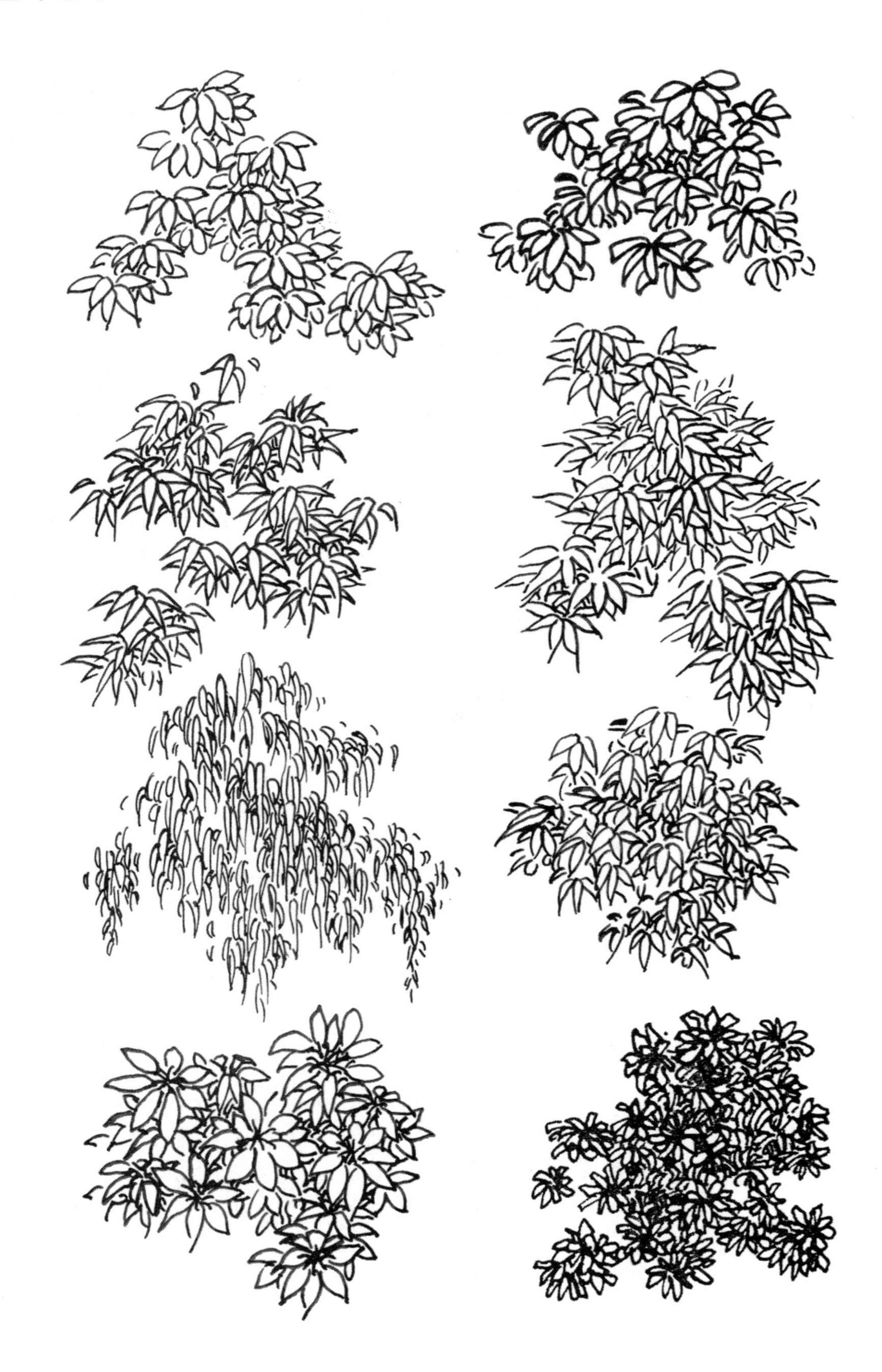

3/壹　图文笔记

素描和写生解决的是绘画能力和艺术素养的问题。图文笔记则是直接面对设计的。学什么就要画什么，学服装设计，就要画服装服饰，学家具设计，就要画古今中外的优秀家具，学建筑当然要画各种见识所及的美好建筑。每个从业者都应该把画本专业的优秀案例作为基本要务。没有不画服装而成为优秀服装设计师的。优秀的建筑设计师也不可能不画建筑而成为优秀建筑师。建筑师必须画足够多的建筑才行，很难找出比画建筑更好的学习建筑的方法了。图文笔记就是建筑师画建筑、写感受的笔记。

图文笔记从某种角度而言是包含写生的。写生可以认为是图文笔记的一种方式。图文笔记的范围可以非常广泛，除了写生和读图笔记，还包括对脑海中瞬时闪现的形式灵感的捕捉和描绘。所有画的内容都可以归入图文笔记的范畴。当然，图文笔记的内容虽然广泛，终究以认识建筑和服务于设计为宗旨。图文笔记就是杨廷宝先生所谓的“画日记”，对于建筑师而言，非画无学。

做图文笔记的首要目的就是要把建筑和它们的亮点画进心里，并在需要的时候唤醒为能服务设计的素材。画于本上只是形式，画进心里才是目标。画于纸上的东西是可以扔掉的，在头脑中剩下的才是对设计有意义的。只有画到心里的才能成为心的一部分，才能参与心的结构更新。画进心里的资料不是简单的物理添加，而是对心及其思维的潜移默化的化学改变，切不可认为图文笔记所做的只是往心里累积素材。

图文笔记不是交给老师的作业，而是建筑与手、眼、心的对话。图文笔记天生就是面向自己的，不必保存，不必示人，不必整齐美观，过程比结果重要，看不到的结果比看得到的结果重要。所以，图文笔记只需对自己的内心负责，不画不感兴趣的东西，对整体感兴趣就画整体，对细节感兴趣就画细节，不要因为一个细节非要把整个建筑画下来。图文笔记可以看起来很乱，只要从心走过，其价值便实现了。

做图文笔记的人很多，关键要坚持，要养成习惯。图文笔记的数量和水平通常与建筑师的业务水准正相关。深感于图文笔记对建筑师的重要性，故而向所有准备施展抱负于建筑事业的同学和从业建筑师提出做图文笔记的倡议，坚持画，一分耕耘，一分收获。

内容丰富的速写本

图文笔记

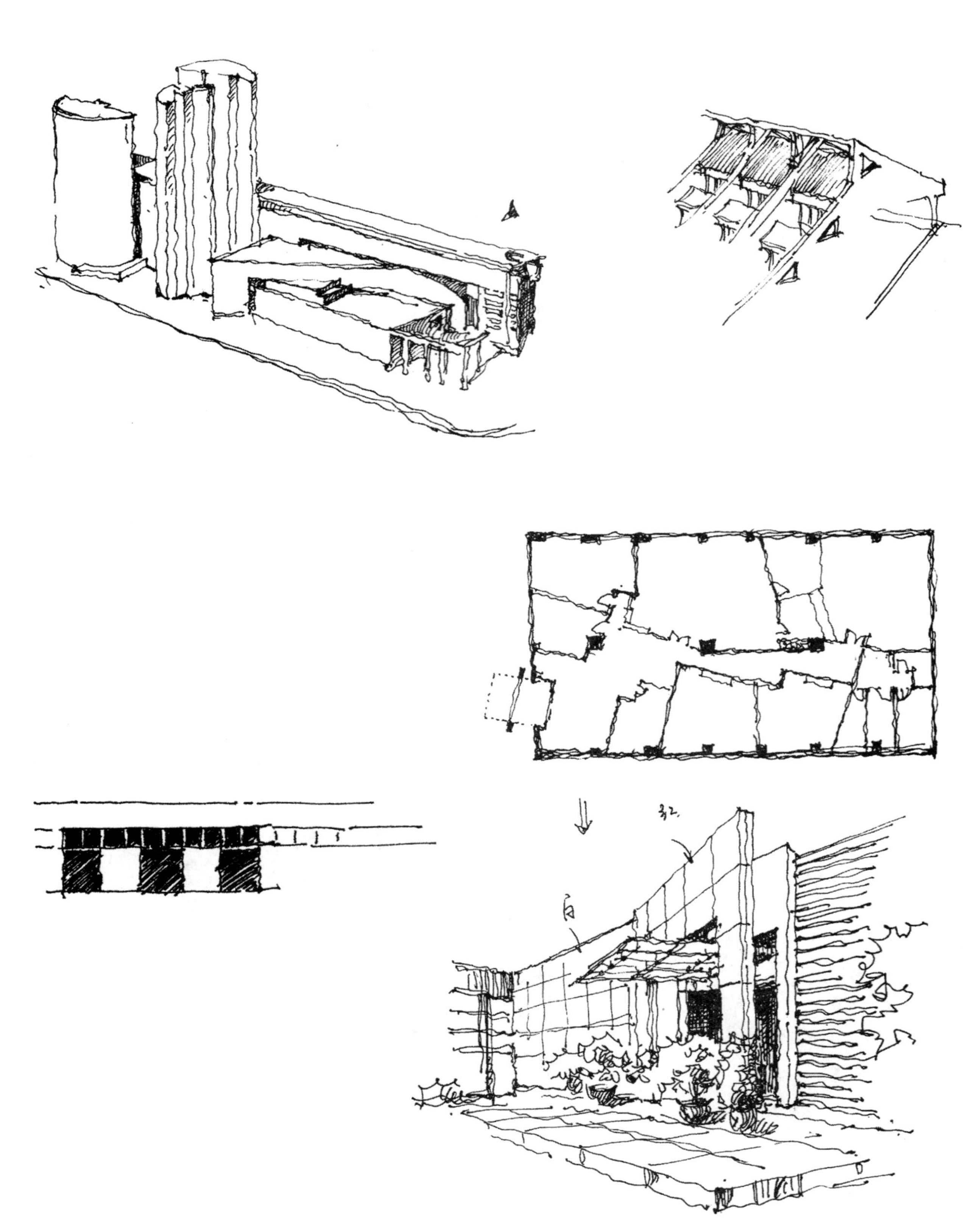

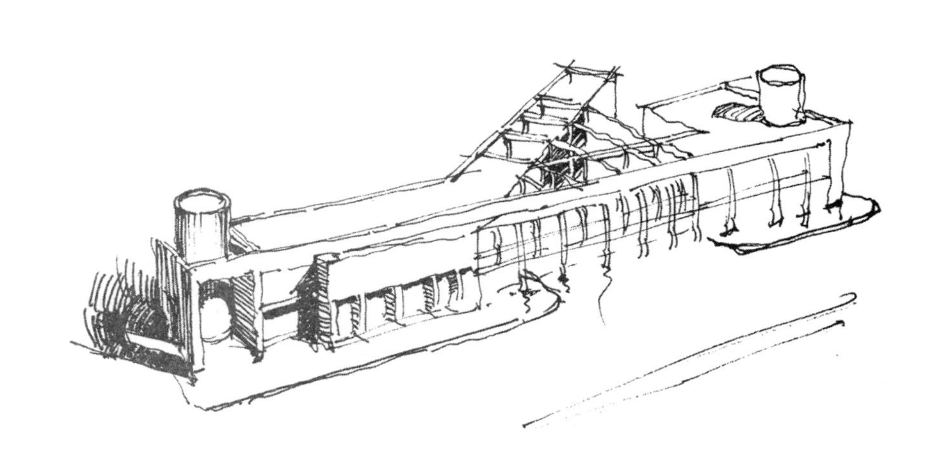

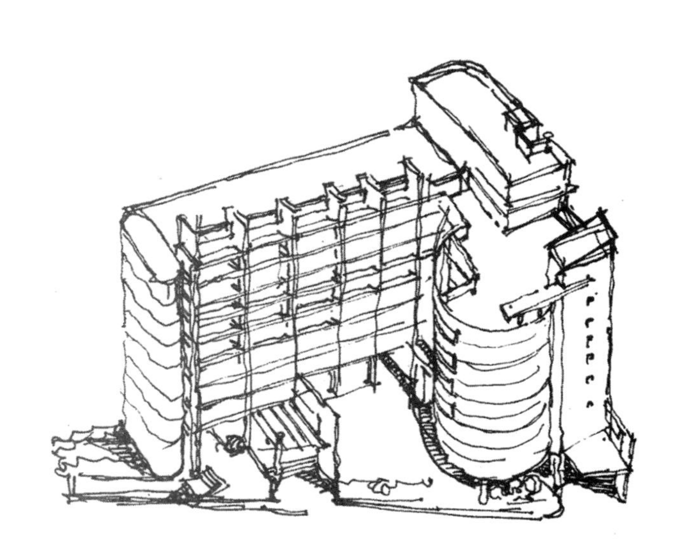

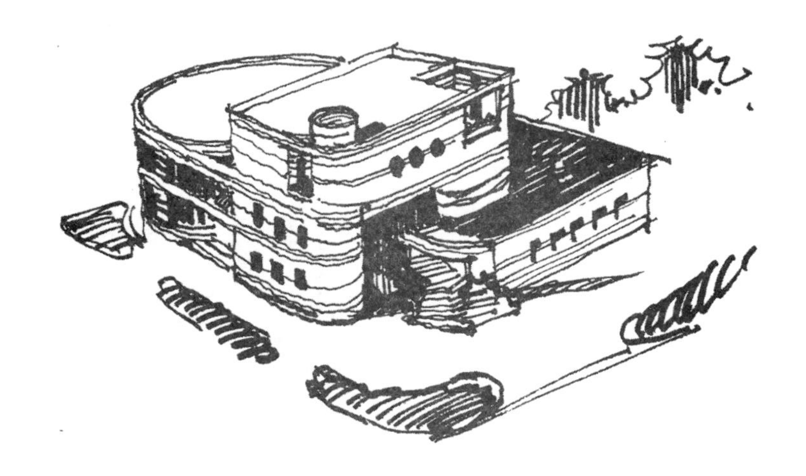

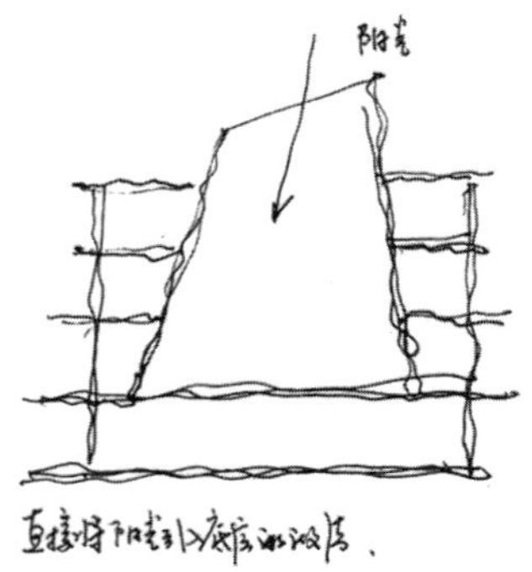
阳光
直接将阳光引入底层的做法。

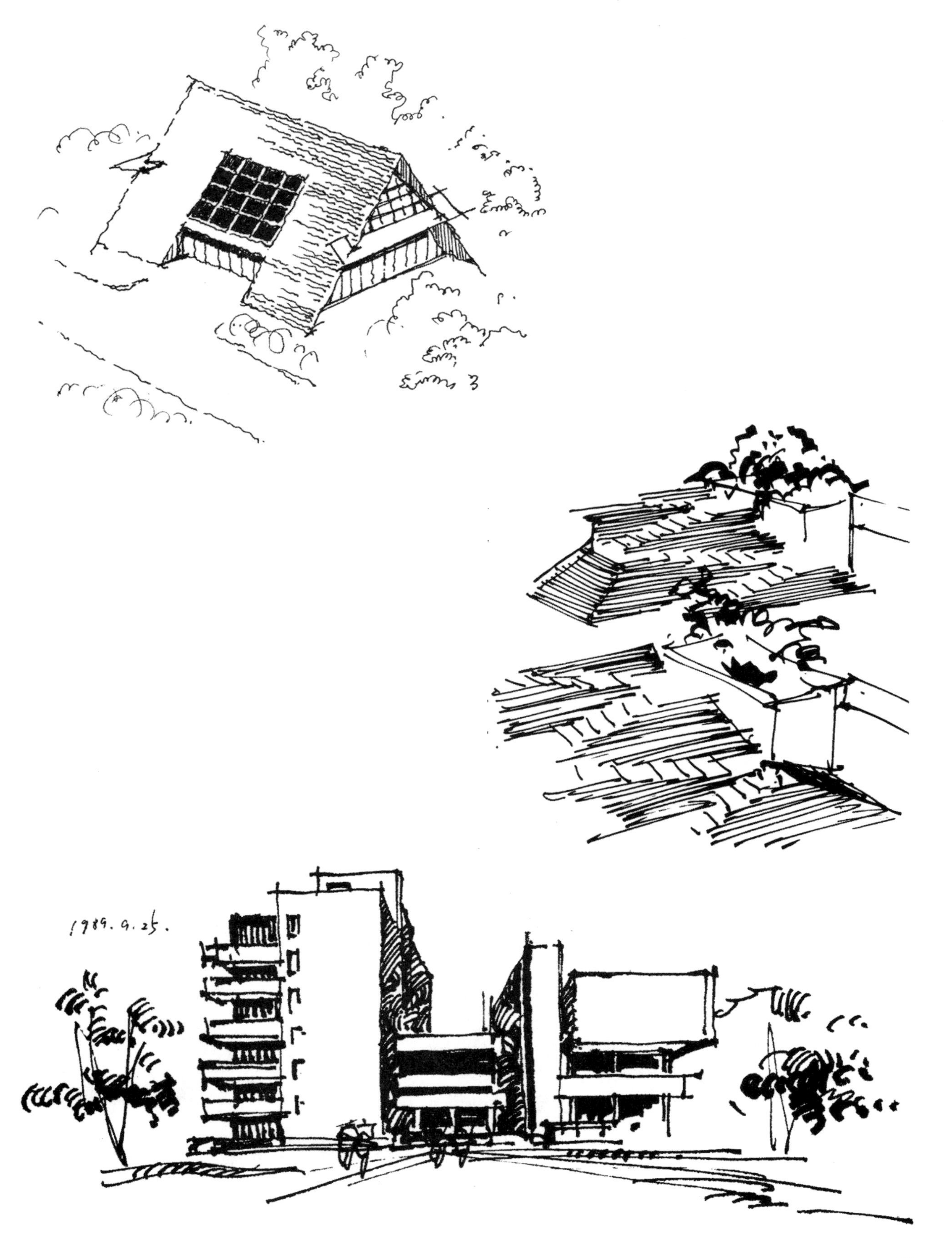
1989.9.25.

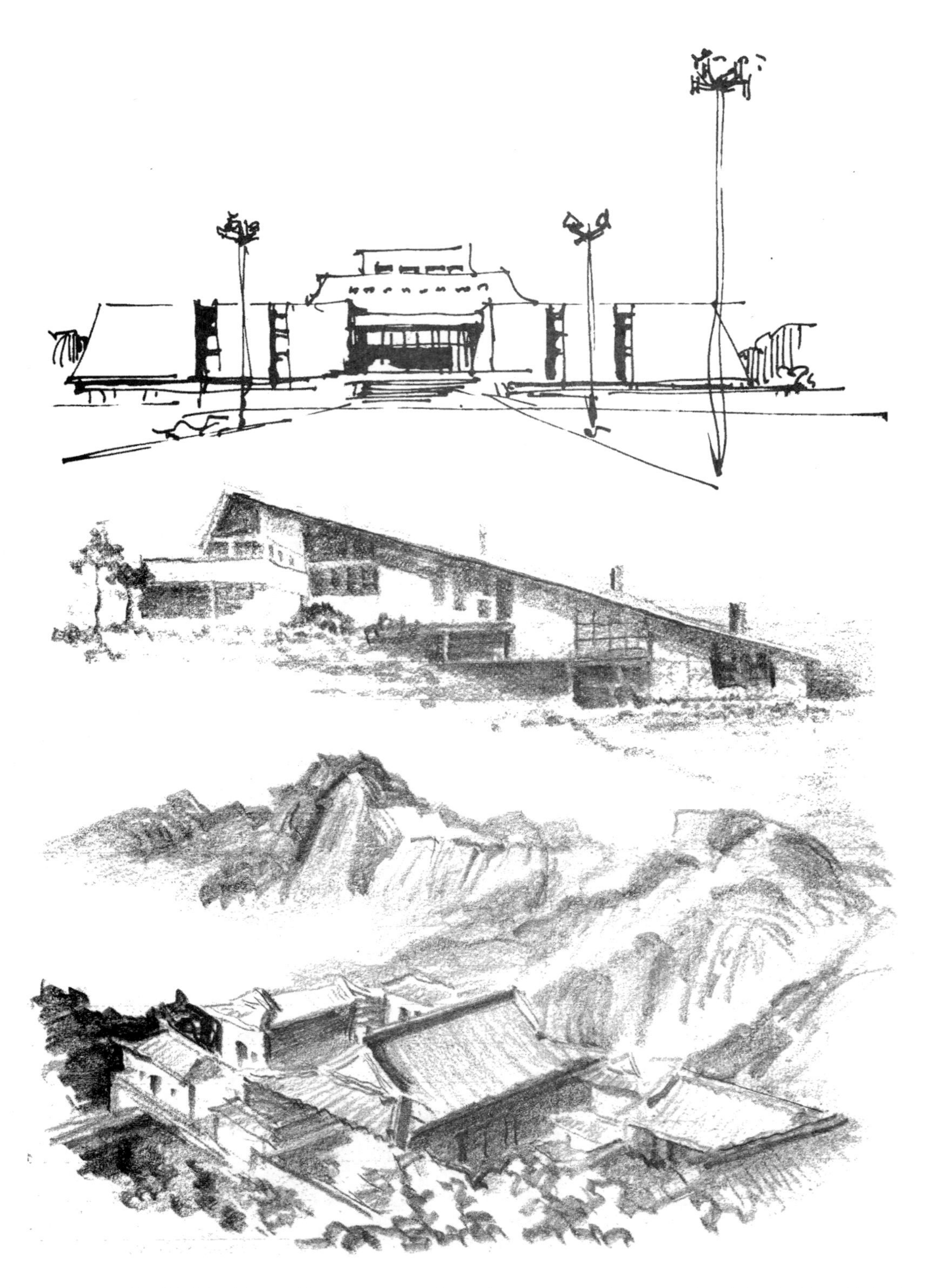

相对而言，用钢笔做图文笔记比较方便，画面清晰、易于保存，手和纸面也干净，但用铅笔并非不可，而且铅笔的表现力极强，加以线条宽窄和力度变化，非常能够抒发自己的感动之情，有雕刻景物的感觉，喷点定画液就可以避免其不足，有钢笔没有的一些优点。

图文笔记原始页面

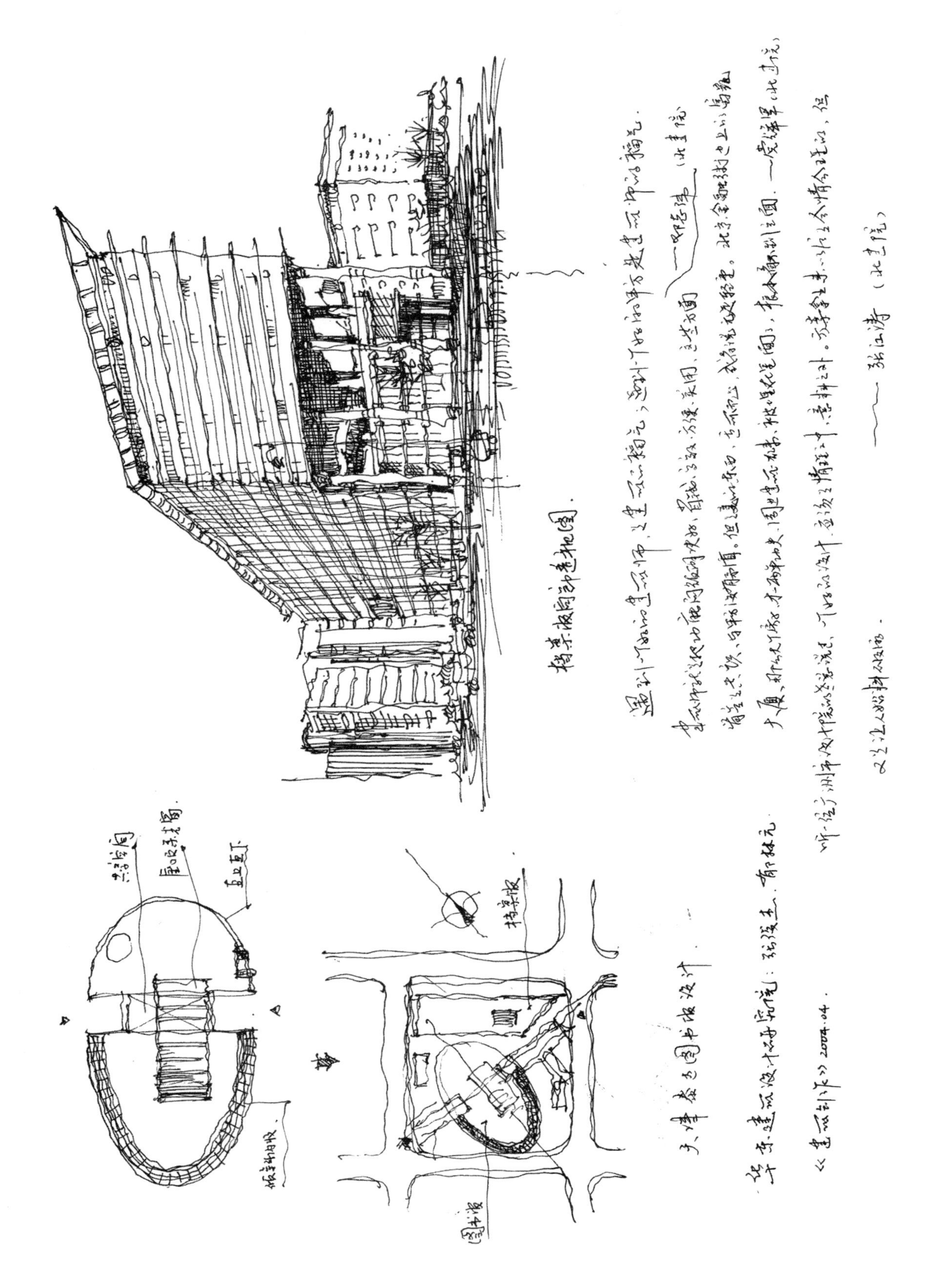

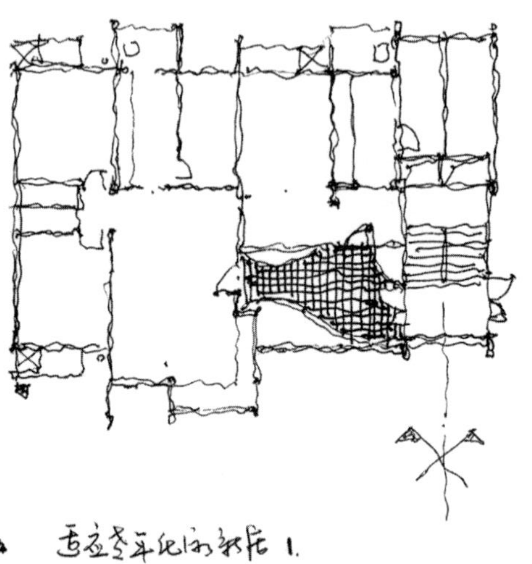

▲ 适应老年化的新居 1.

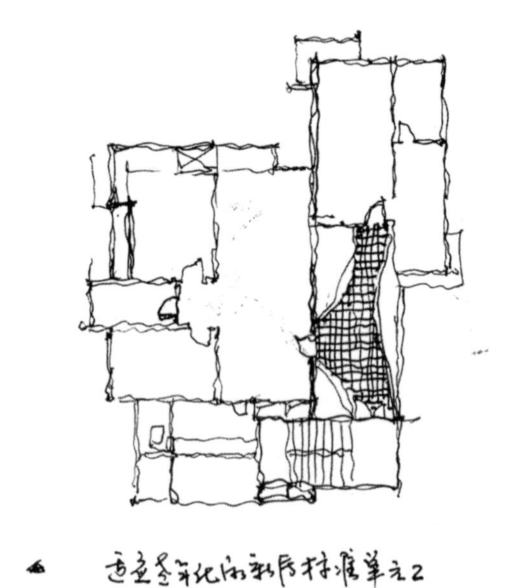

▲ 适应老年化的新居标准单元 2

《建筑形式的逻辑概念》

（德）托马斯·史密特著.

肖毅强 译 . 中国建筑工业出版社.

许多建筑师在设计现代风格的建筑，但只要他们画速写，就立即表现出历史建筑的构图或类似的东西。好像现代建筑与绘画无关而只与绘图有关。这表明建筑的理性和感性被分离了，而只有最好的建筑师，才可以在他们的设计中把理性与感性联系起来。

—— 托·史密特.

现代主义造成的分裂是历史上一个向前的跳跃，也许这个跳跃太大，以致到今天还没有被人们理解。正由于这原因，古典建筑才变得有意义。从中人们可以向上探索，把丢失了的东西引向完满的终点。

形成一个空间.

人们会体会到不同的塑出联结在一起的领域空间.

便产生一个相互联系相关的新空间.

—— 内和外.

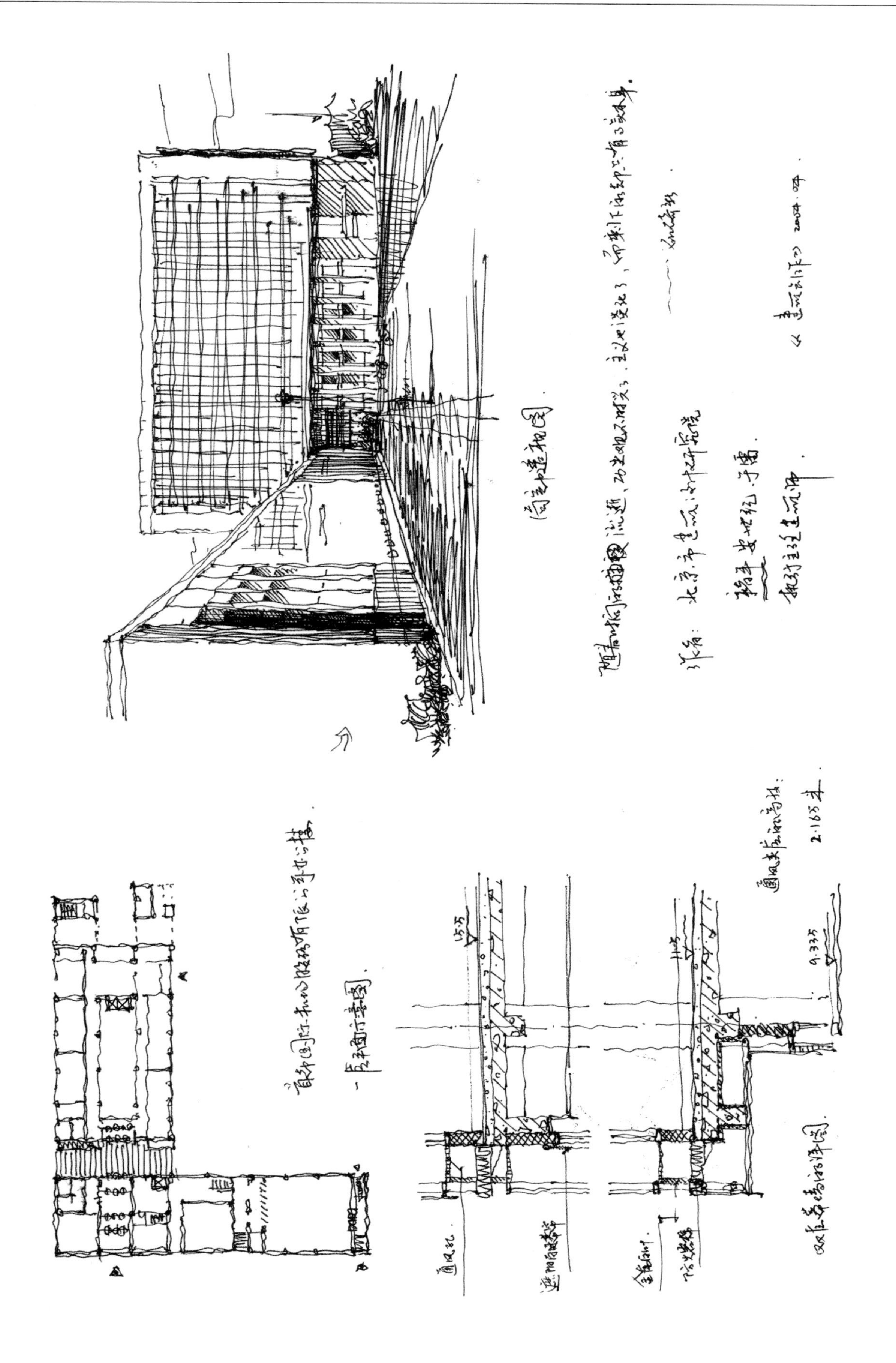

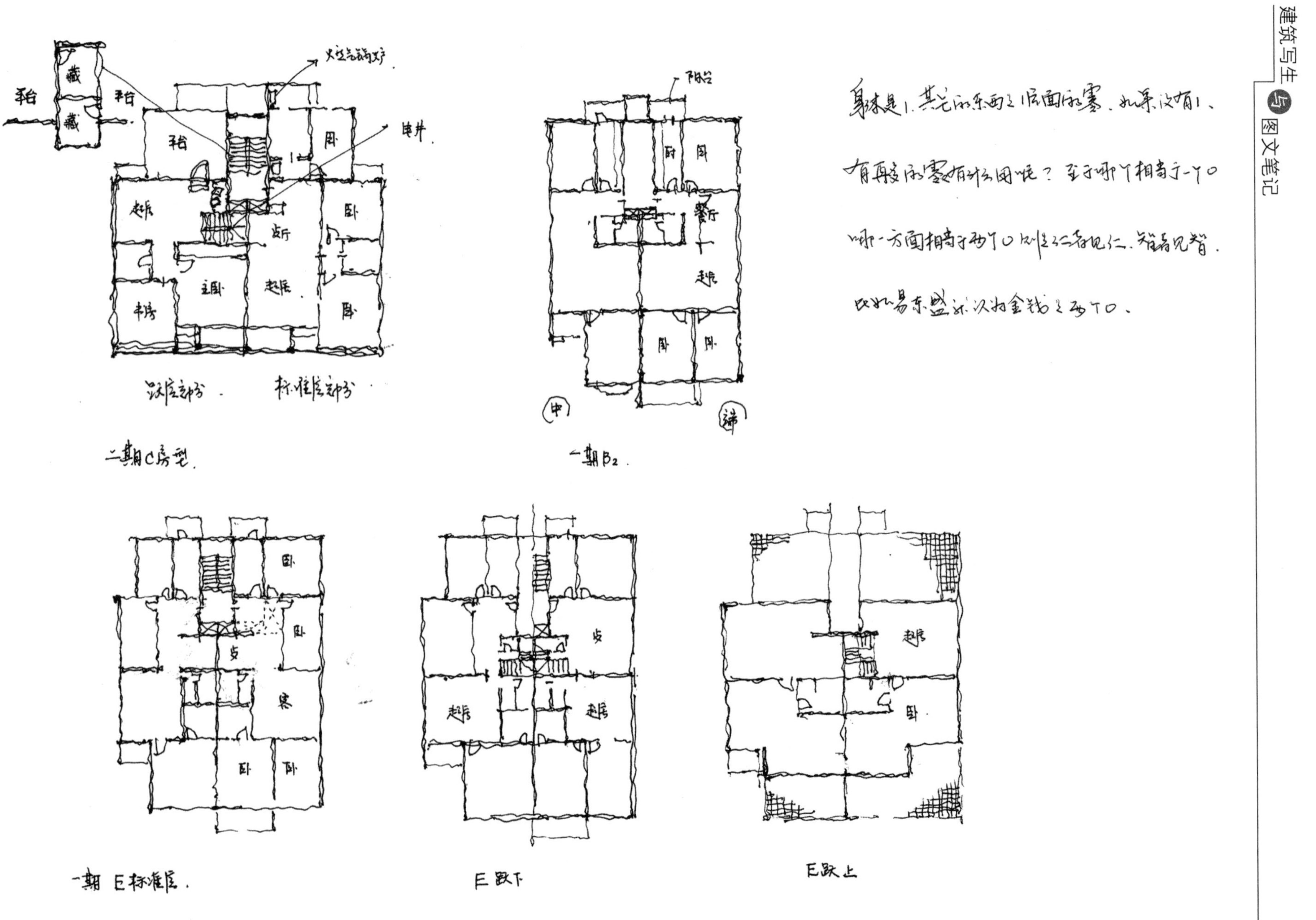
身体是1，其它的东西是1后面的零，如果没有1，
有再多的零有什么用呢？至于哪个相当于一个0
哪一方面相当于那个0 则是仁者见仁、智者见智。
比如易东盛以为金钱是那个0。
藏
藏
平台
平台
平台
火灾自动报警
电井
起居
主卧
书房
起居
卧
卧
跃层部分
标准层部分
二期C房型
阳台
餐厅
起居
中
端
一期B2
卧
卧
一期 E标准层
E跃下
起居
起居
E跃上
起居
卧

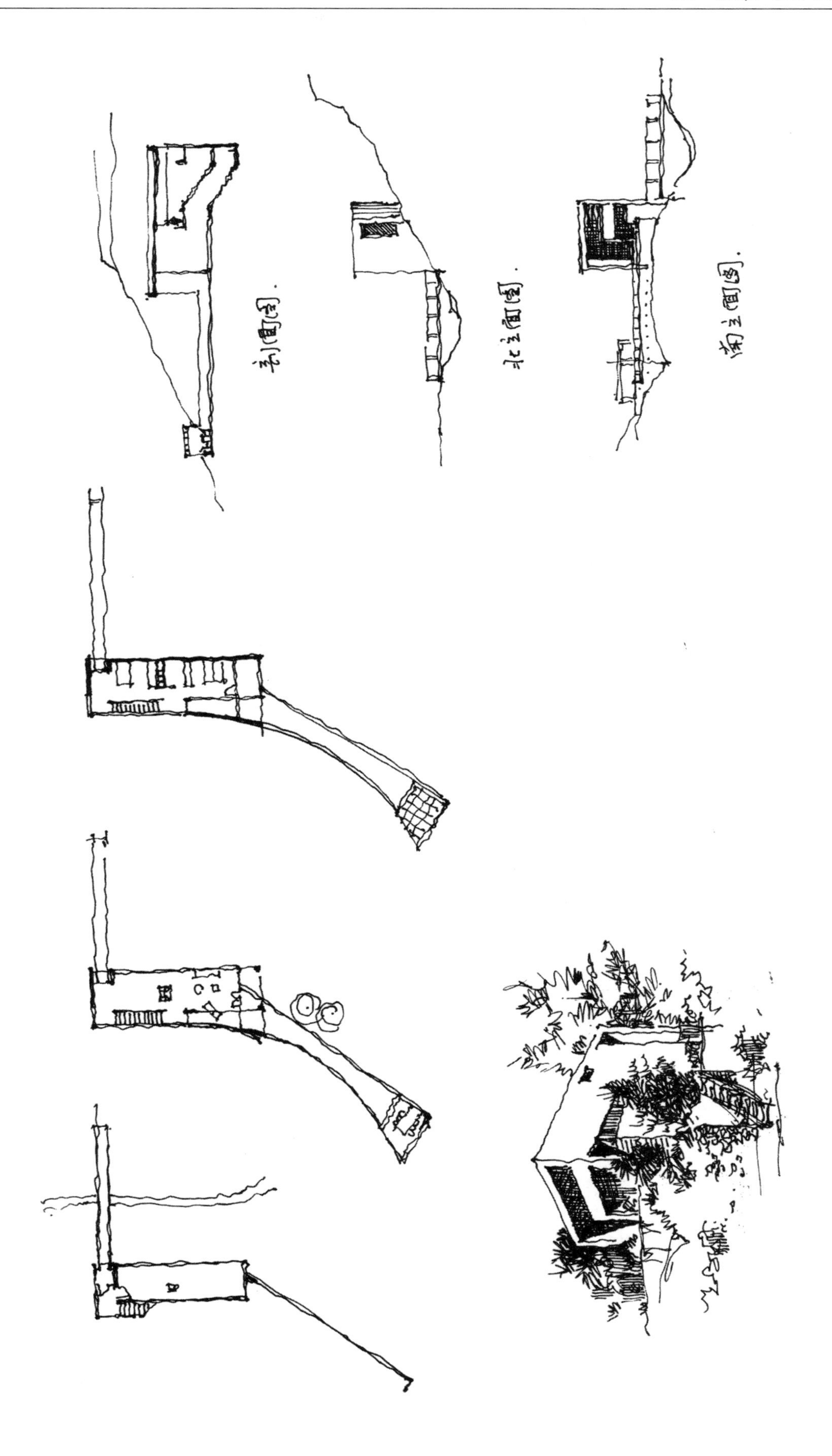
剖面图.
北立面图.
南立面图.

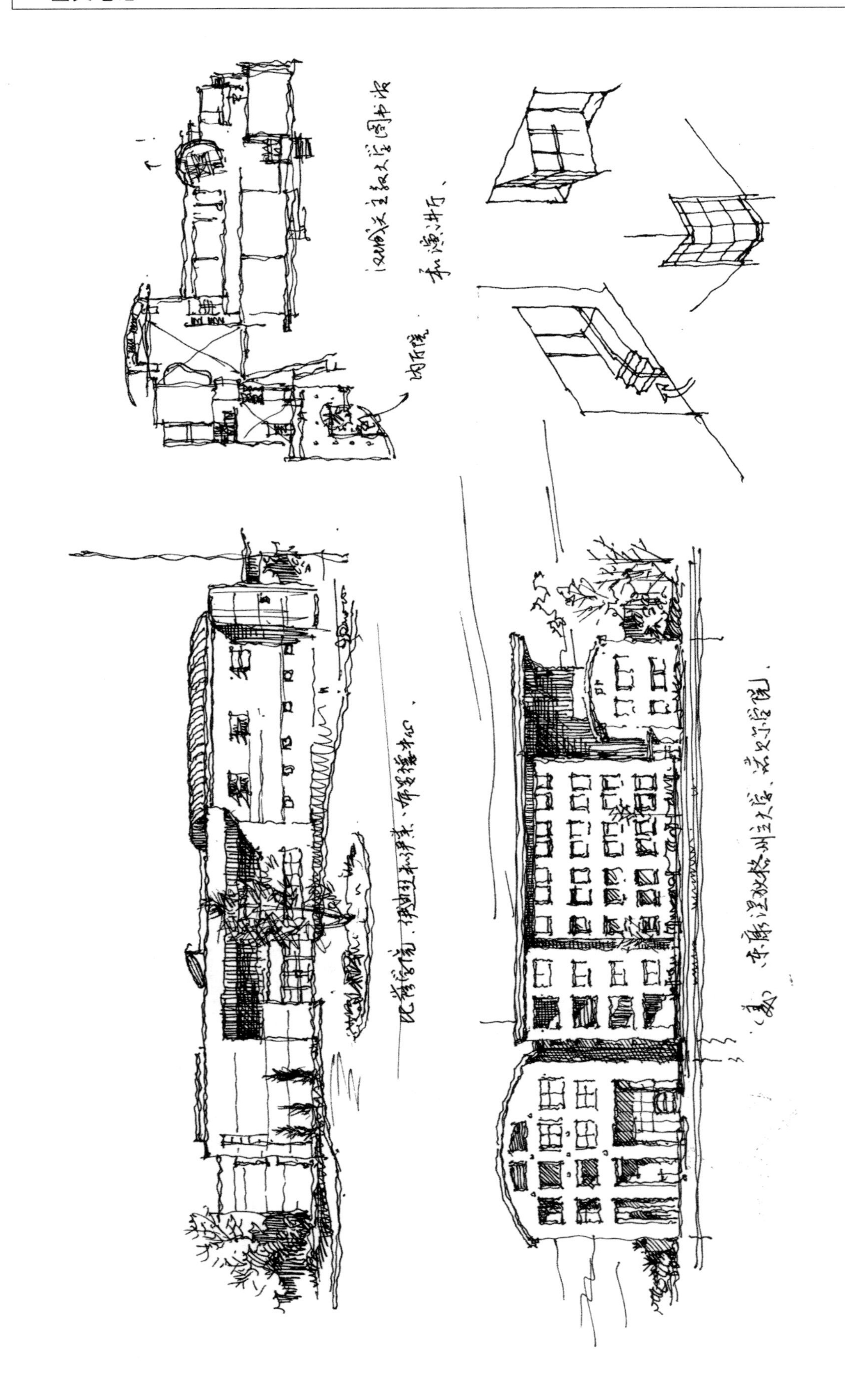

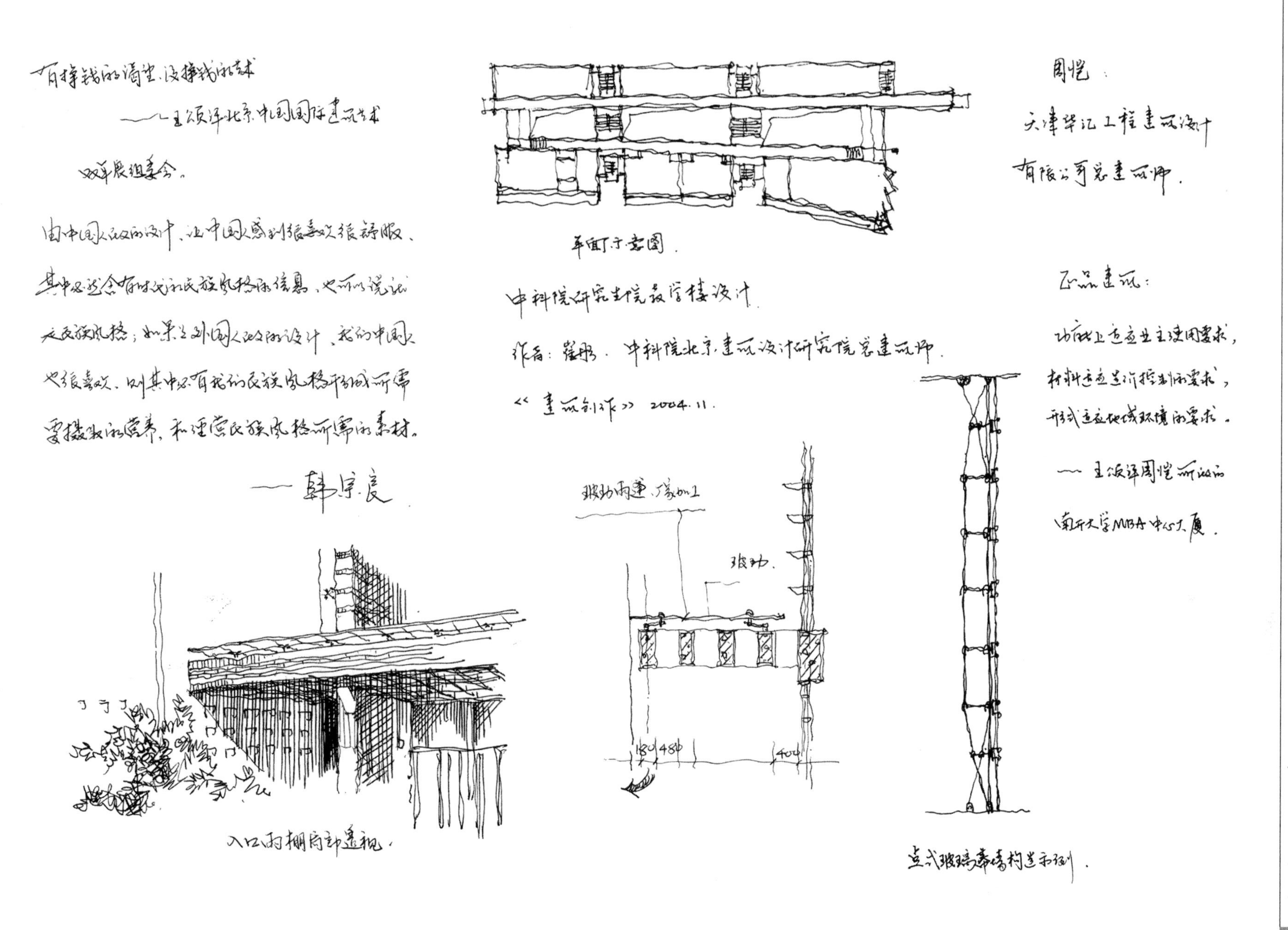
有挣钱的消费、没挣钱的技术
——王钦泽北京中国国际建筑艺术
双年展组委会。
由中国人自己的设计，让中国人感到很喜欢很舒服，
其中必然会有时代的民族风格的信息，也可以说
是民族风格；如果是外国人的设计，我们中国人
也很喜欢，则其中必有我们民族风格所需
要摄取的营养，和理解民族风格所需的素材。
——韩宇良
中科院研究生院教学楼设计
作者：崔彤，中科院北京建筑设计研究院总建筑师
《建筑创作》2004.11.
180
480
400
入口雨棚局部透视。
点式玻璃幕墙构造示例。
周恺：
天津华汇工程建筑设计
有限公司总建筑师。
作品建筑：
功能上应满足主使用要求，
材料上应满足所控制的要求，
形式上应适应地域环境的要求。
——王钦泽周恺所做的
南开大学MBA中心大厦。

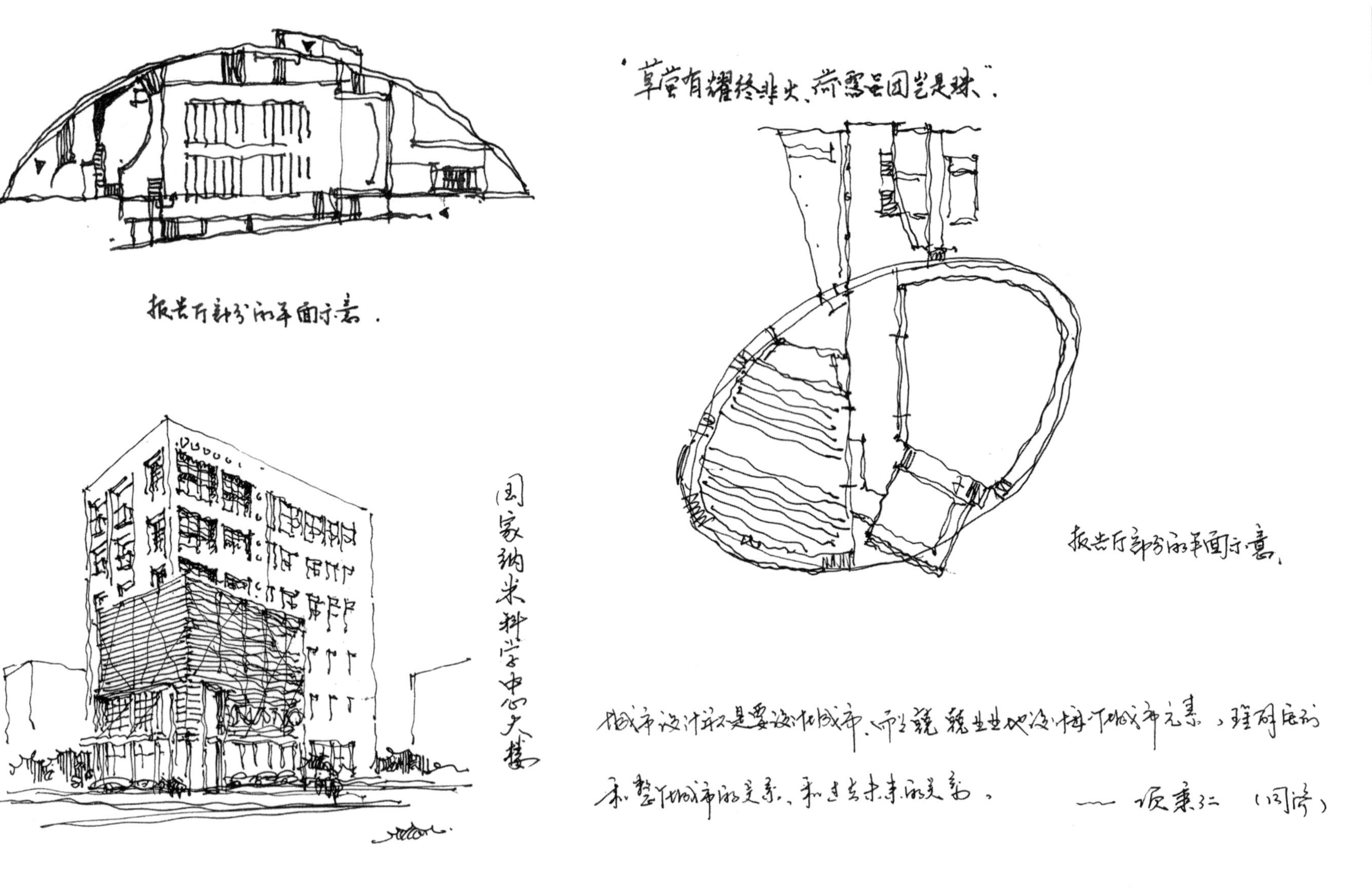
“草堂有耀终非火，荷露虽团岂是珠”。
报告厅部分的平面示意．
报告厅部分的平面示意，
国家纳米科学中心大楼
城市设计就是要设计城市，可能就是要设计城市元素，研究它们和整个城市的关系，和过去未来的关系。
—— 项秉仁（同济）

人类中心主义、个人中心主义、存在主义、新人本主义（先锋思想）和非主体化的倾向（艺术特征）。即人类中心主义，随着里叶中的一叶，又可以说是边缘化的主题。

人是万物的尺度　——　普罗泰戈拉。

笛斯 —— 朱庇特。

阿芙罗蒂特 —— 维纳斯。

普罗米修斯是文艺复兴人本主义者们所描绘的人物。

他首先是人类的拯救人。

……如此我们便成为自然的主人和占有者

—— 笛卡尔。

他人即地狱　——　萨特。

萨特式的个人主义，不然以自我自由被我在……，

以"我恨故我在"的哲学，一种"自由哲学"终结于

一种"恨（他）人哲学"或"恨世哲学"。

佩卡姆图书馆。

平面示意图。

剖面示意图1。

阿尔索普建筑师事务所。

英国伦敦南沃克　1999年竣工。

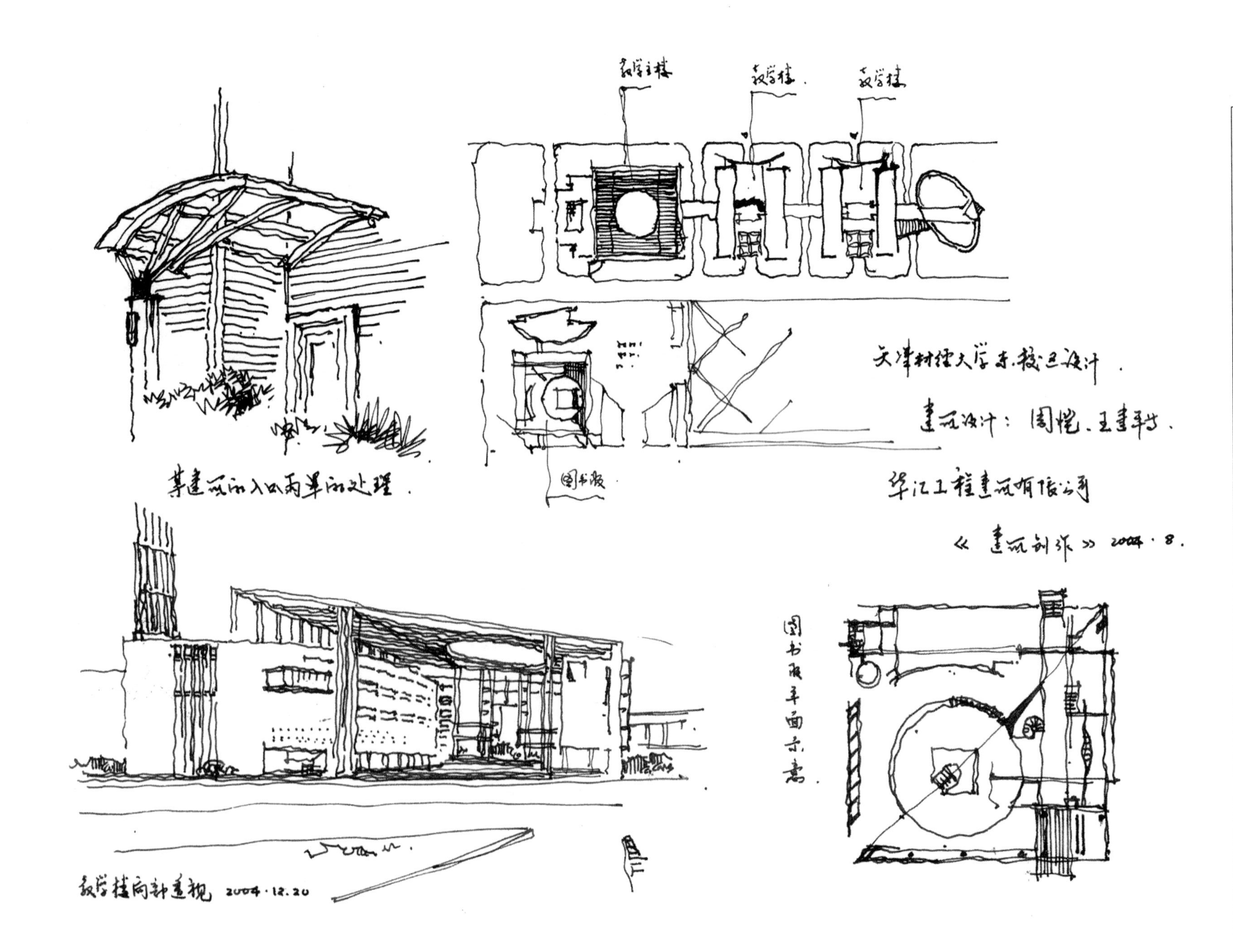
教学主楼
教学楼
教学楼
天津财经大学东校区设计
建筑设计：周恺
华汇工程建筑有限公司
《建筑创作》2004.8.
图书馆
某建筑的入口雨篷的处理
图书馆平面示意
教学楼局部透视 2004.12.20

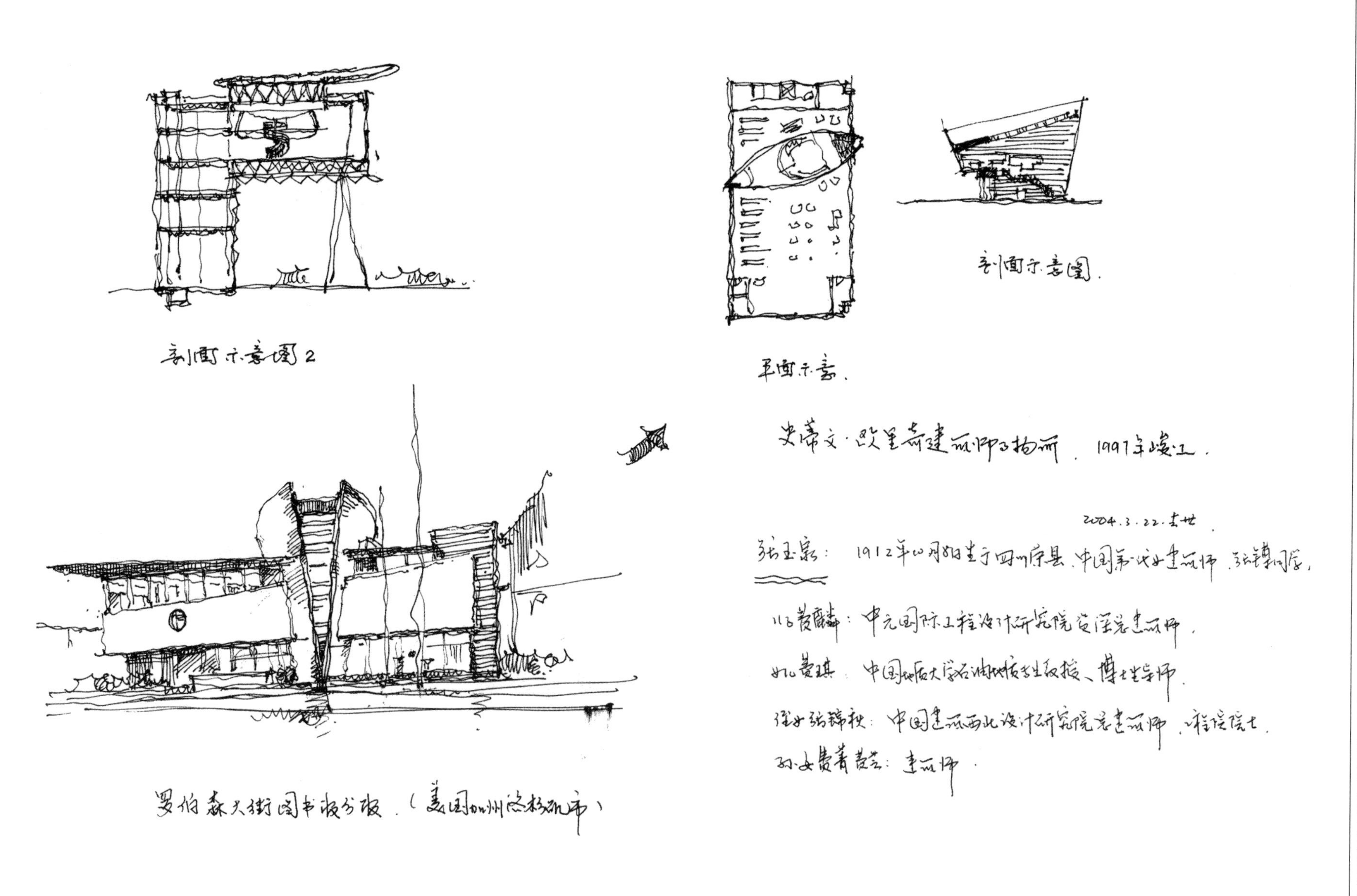
剖面示意图2
平面示意
剖面示意图
史蒂文·欧里奇建筑师事务所 1997年竣工
张玉泉：1912年4月8日生于四川荣县，中国第一代女建筑师
长子黄鹤麟：中元国际工程设计研究院资深总建筑师
女儿黄琪：中国地质大学石油地质专业教授、博士生导师
儿媳张锦秋：中国建筑西北设计研究院总建筑师，工程院院士
孙女黄菁菁：建筑师
罗伯森大街图书馆分馆（美国加州洛杉矶市）

4/壹　面向草图

草图问题本质上是设计问题。画草图做设计是写生和图文笔记的归宿和终极价值的实现,这体现在表达、表现技能和认知以及资源与情怀两方面。草图工具和技法与写生及图文笔记是一脉相承的。写生和图文笔记就是对草图技法的磨炼。而在这个过程中的感动和见识,则帮助建筑师储备更多的设计资源,使自身的艺术修养和人文情怀得以升华。

草图技法的提高要靠平时画写生做图文笔记的磨炼。在具体做设计画草图的时候,反而需要忘掉技法,专注于设计。技法的作用在于保证设计和思维过程的顺畅流动,让建筑师能随心所欲地将思维形象转化为视觉形象,技法的高低决定着设计过程能否有效率地进行,能否被表达的困难所中断,也关系到建筑师能否体会到投身设计创作活动的快乐。

绘画技能和草图设计方法,曾长期受到重视,被认为是建筑师的看家本领。绘画训练也曾是许多世界知名建筑系的重要基础课程。然而,随着计算机的应用和各种辅助设计手段的日益丰富,草图作为设计手段的价值,越来越不被重视,连带着绘画技能的训练也越来越薄弱。许多设计公司的建筑师是不怎么画草图的,他们几乎用电脑解决一切问题。此风所及,连高校建筑系的同学都不愿画草图,甚至不会画草图了,他们直接在电脑上建模,直接用模型生成平、立、剖和透视,如果不是老师们的督促和强调,同学们甚至不再用草图纸,不会用草图的方法做设计了。很多同学从始至终都在几张 A4 纸上设计,反复擦改,略有意向,剩下的工作便全部交给电脑完成了,此风大有难以阻挡之势。因而,关于设计草图的意义和价值也成了不能不予以解释、说明和强调的问题了。

这个问题似乎相当普遍。英国的布赖恩·爱德华兹先生在他著的《建筑绘画与思考》一书中就谈到了他那里存在的类似情况。他在这本书的新版本中不得不用大量篇幅论述画草图做设计的好处,围绕此问题,他还对十位顶级建筑师进行了调研采访。他了解的情况是:在设计前期,徒手绘图是最重要的思考手段和设计手段,在设计的中后期,模型和计算机才成为主要的辅助设计工具和制图工具,有的人或事务所,手绘思考的参与则贯穿设计过程的始终。电脑过早地参与设计,或仅以绘图工具的方式参与设计,会伤害建筑师的创造力和探索精神。虽然设计软件不断改进更新,但英国主流的设计机构和建筑师很少在初始设计活动中依赖电脑。另一个调研结论是,徒手草图有利于更多的设计师参与到由团队支持的设计项目中,有利于团体的合作和设计民主化,有利于思维的创新。他得出的这些认识和结论与我们的经验和认识可以说是高度一致的。

他在书中谈道：

“有些建筑师表达这样的看法：哪里专门把电脑辅助设计用于设计演变，设计质量就大受影响，除非同时通过徒手绘图或制模进行查询。假如设计进程使用设计软件，尤其是针对建筑设计师的软件，那么对电脑辅助设计的不良看法令人吃惊。以英国皇家建筑师学会《工作计划》为指南，所有十位建筑师都把徒手画图用作首选，或者在设计概念化的初始阶段当作唯一的设计手段。徒手绘图在第二阶段仍然是一种重要的手段，但然后制模作为设计进程的一个重要促成因素而出现。虽然有两位被采访的建筑师在第二阶段突出地使用电脑辅助设计（戈登·默里和法雷尔），但它的用途主要体现在设计进程的第三阶段。然而，即使在第三阶段，第四个案例电脑设计也在相同程度上和制模并用。另有两个案例，电脑设计和模型及徒手绘图并用。因此，不管流行看法如何，电脑辅助设计并未被许多国家的主要建筑师们普遍地用于设计进程——这种作用继续由徒手画图独自或者由绘图和制模共同承担。更使人担心的也许是这样的认识：电脑辅助设计能美化图像，并且能很好地提供设计质量的外观印象，这儿就有建筑教育记取的教训。”

“电脑辅助设计，不但很少作为一种设计手段，被英国的高级建筑师用于初期的概念构思阶段，而且被采访的许多建筑师也感到它妨碍初始期的设计调研。有些建筑师想方设法避免用它，除非建筑问题已经基本上用其他方式得到了解决。事实上，这些建筑师表达的看法是，过早地使用电脑辅助设计有害建筑探研，对建筑思想有着不利的影响，而且，有两位被采访的建筑师认为，现今从英国建筑学校出来的毕业生过于依赖电脑辅助设计。例如一家大型爱丁堡建筑开业单位，宁愿从欧洲招收新职员，因为他们仍然是通过传统绘图接受培训思考的。”

布赖恩•爱德华兹（英）著. 申祖烈译. 建筑绘画与思考（原著第二版）. 北京：中国建筑工业出版社，2009

其实不但电脑会干扰人的思考，在电脑出现之前，画草图的时候动用尺规都被认为会对设计思考形成干扰。

“快速绘画模式对于在活跃的思想中抓住稍纵即逝的短暂时刻十分必要。因而，绘画的流畅度要求我们具备徒手绘画的功底，并尽可能少用辅助工具。使用丁字尺和三角板作为辅助工具将会分散视觉思考过程中的注意力。”

创意建筑绘画. 程大锦著. 天津：天津大学出版社，2011. 7-P187

相比之下，徒手绘图才是最自由的一种图形思考方式，是直接面对设计问题而不被技术和设备问题干扰或打断的意识流载体。可以预料，徒手绘图能力和草图设计方法，不但不会随着计算机技术和人工智能的进步被逐渐淘汰，甚至可能变得更加重要。因为随着电脑等设计辅助工具的使用，原本分布于整个设计过程中的那些事关美、情感、文化、个性、创新的东西，将被极大地压缩在草图设计这个环节和过程之中，而电脑更适合担当的是方案确定后的那些工作，或者某些辅助性工作。

在《建筑绘画与思考》这本书中，爱德华兹还谈道：

“据说，从他(或她)的绘图上你就可以判断一个建筑师是否像个建筑师那样进行思考，这就是为什么速写比计算机绘图更适合于评论或求职面试的一个原因。速写包含这样的信息：一个建筑师是一个设计师，而不只是一个制图员或技术员。”

布赖恩•爱德华兹(英)著．申祖烈译．建筑绘画与思考(原著第二版)．北京：中国建筑工业出版社，2009-P29

这里的速写大体指建筑师推敲设计、表达表现设计的手绘方法，也指建筑师的手绘草图成果。通过手绘功底判断一名设计师的职业潜力和艺术素养，在我国也是一个被普遍接受的观念。而这种功底和潜能的锻炼和提高就是靠日积月累的建筑写生、图文笔记和草图设计实践来实现的。爱德华兹先生在《建筑绘画与思考》这本书的前言中说：

“写生簿是一种有用的工具，有助于在建筑教育中抗衡科技的支配地位或者至少保证：科技应用要和审美判断结合起来。”

布赖恩•爱德华兹(英)著．申祖烈译．建筑绘画与思考(原著第二版)．北京：中国建筑工业出版社，2009-前言

这里的“写生簿”便大体包括了速写和图文笔记两个方面，也正是本书所倡导的两项建筑师的日常工作。正是写生、图文笔记和草图设计把某种深厚的东西、情感的东西、美的和文化的东西带到设计中，使建筑不至于完全沦为在条规约束下的机器。

过程草图与草图工具

过程草图，顾名思义就是设计过程中所画的草图。对于过程草图，基本原则就是忘掉技法，专注设计问题。写生和图文笔记所锻炼的能力及认知仅以背景起作用。过程草图不嫌其乱，无须别人看懂，只要自己能明白，在自己眼里有信息即可。混乱的线条、混沌的形式，都可能激发下一步的思考，产生我们不能完全确定的价值。至极其不堪时，即可换一张草图纸，蒙在前面的图上整理、筛选有价值的信息和形式，延伸并完善出新的设想和样式，如此反复，直至获得肯定、美好、完整的设计方案。

对于初学者和设计的初步阶段，以草图纸和铅笔搭档配合比较好。草图纸也叫拷贝纸，其特性和价值在于薄而透明，方便拓图。铅笔包括普通铅笔和炭铅笔。铅笔能反复画写，能产生暧昧的线条形式，有力度变化，浓淡线面变化丰富，所画草图也非常有信息容纳能力和形式启发能力。初学者要多用草图纸，少动橡皮，不要在A4或A3纸上涂涂抹抹做设计，否则思路不容易展开和延续，也会经常擦掉有价值的图形，不便对比斟酌，尤其不容易放得开。从透明性来看，硫酸纸也可顶替草图纸用，但从价格和性能方面略逊于草图纸。铅笔则以2B至5B的软铅笔为准，要削成斜面，不要削成尖状或用转笔刀削铅笔。斜面铅形可以通过调整角度画出各种粗细不同的线条，加以力度调整，非常有表现力，削尖了不但费铅，表现力也弱。

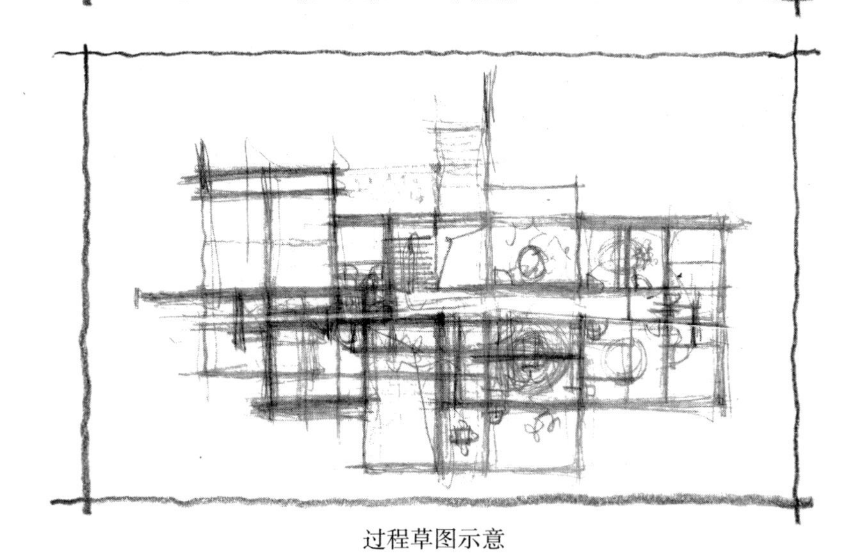

过程草图示意

比较好的削铅笔方式

铅笔草图

铅笔草图宜单线绘制，一笔成墙，不画窗户，门也可用简单的跨墙短线来表示。这种画法忽略细节，操作简便，能让人把精力集中于方案的核心问题上，不但适用于过程草图，也可用于初步方案的成果交流，画法虽简练，图面效果却很有味道，是方案前期阶段的有效表达表现方式，也是教学中第一次草图常被推荐的画法。

由于前期阶段图纸比例小，空间分格面积小，绘图铅笔的笔尖又较粗，故标注房间名称的字数不宜太多，用英文缩写字母或数字编号来标示效果较好，用汉字断不可多，也不宜绘制复杂的室内家具。

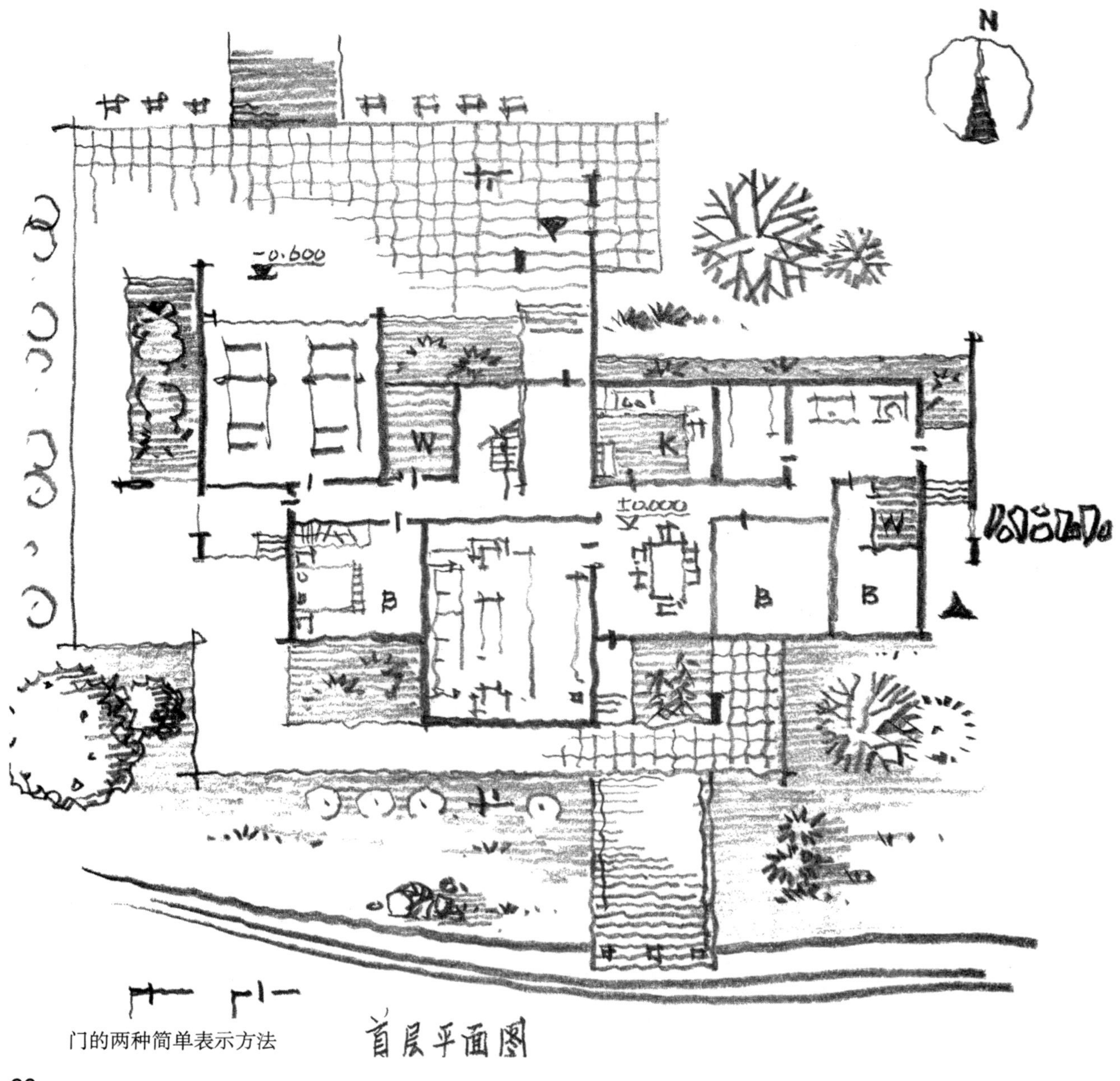

门的两种简单表示方法

随着设计的深入和方案渐趋定型，就需要更深入的刻画和更细致的表达，如双线画墙，显示门窗，布置家具等等，这时最好用稍硬的 HB 或 2B 铅笔勾线，用更软的铅笔填涂或加粗。

这个阶段用铅笔不如上个阶段更有优势，而钢笔在这个阶段开始显示出某些方便之处，如更方便勾线和刻画细节。填充加粗等方面也可以用彩色铅笔和马克笔来弥补。工具选择要根据其性能、绘画需要及自己的喜好和擅长方面灵活掌握。另外，表达深度总是要和图纸比例相协调的，因而要根据图纸比例的增大深化设计细节，完善家具布置等内容。

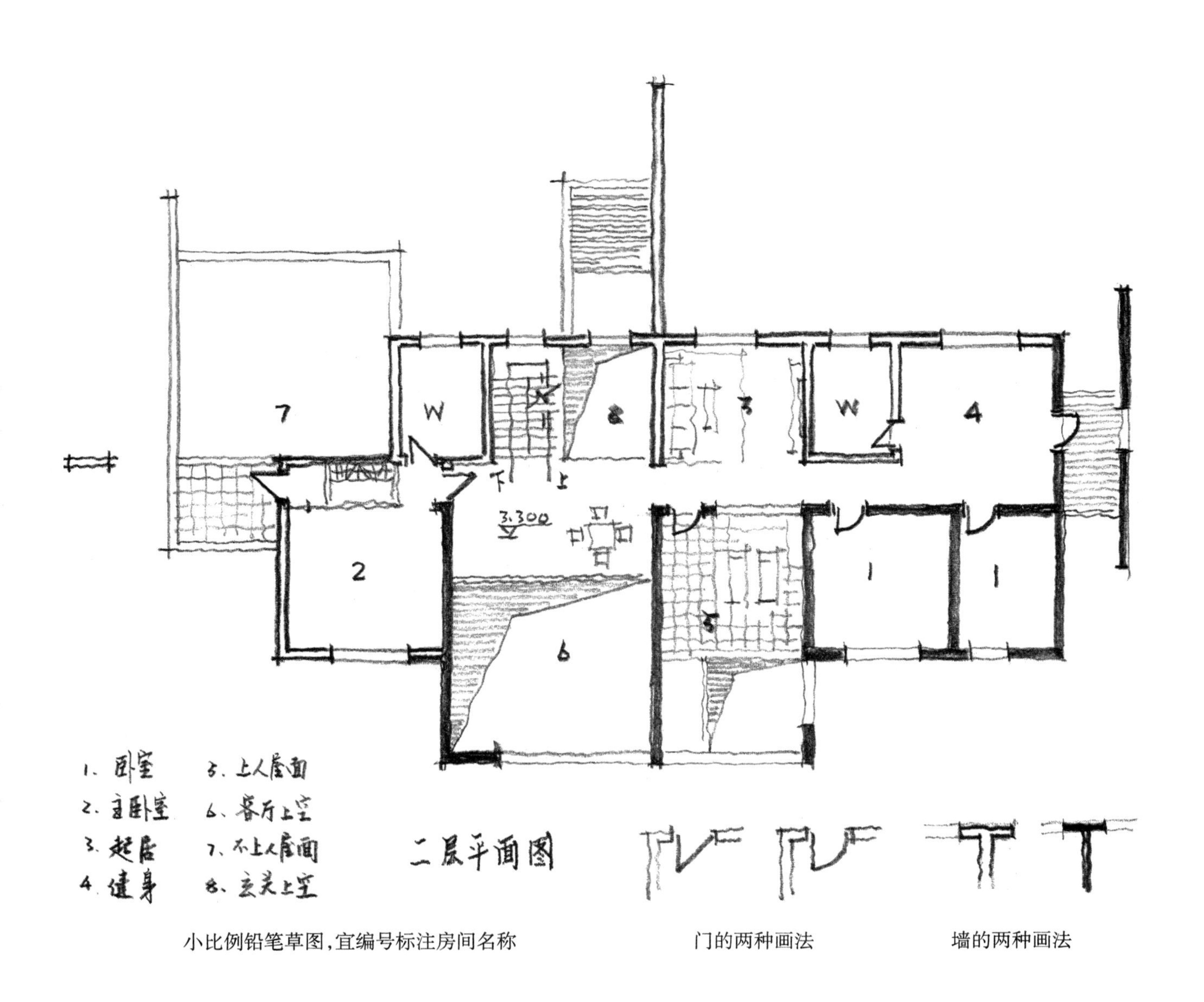

小比例铅笔草图，宜编号标注房间名称

门的两种画法

墙的两种画法

铅笔草图在关注形式核心价值的前提下，尽量取简练概括的画法，不在细节上较真儿。如门窗只留洞口，楼梯不画踏步，栏杆简略示意等等。即使立面图，也求其大效果，不必在细节上精益求精。在将来，草图和 CAD 制图各有优势，有不同的价值和分工，以扬长避短为要。在选择立面配景方面，也要选择简练易画又出效果的画法，着意于对建筑的烘托和与建筑的协调，不求写实，不必学传统建筑画的高难画法。

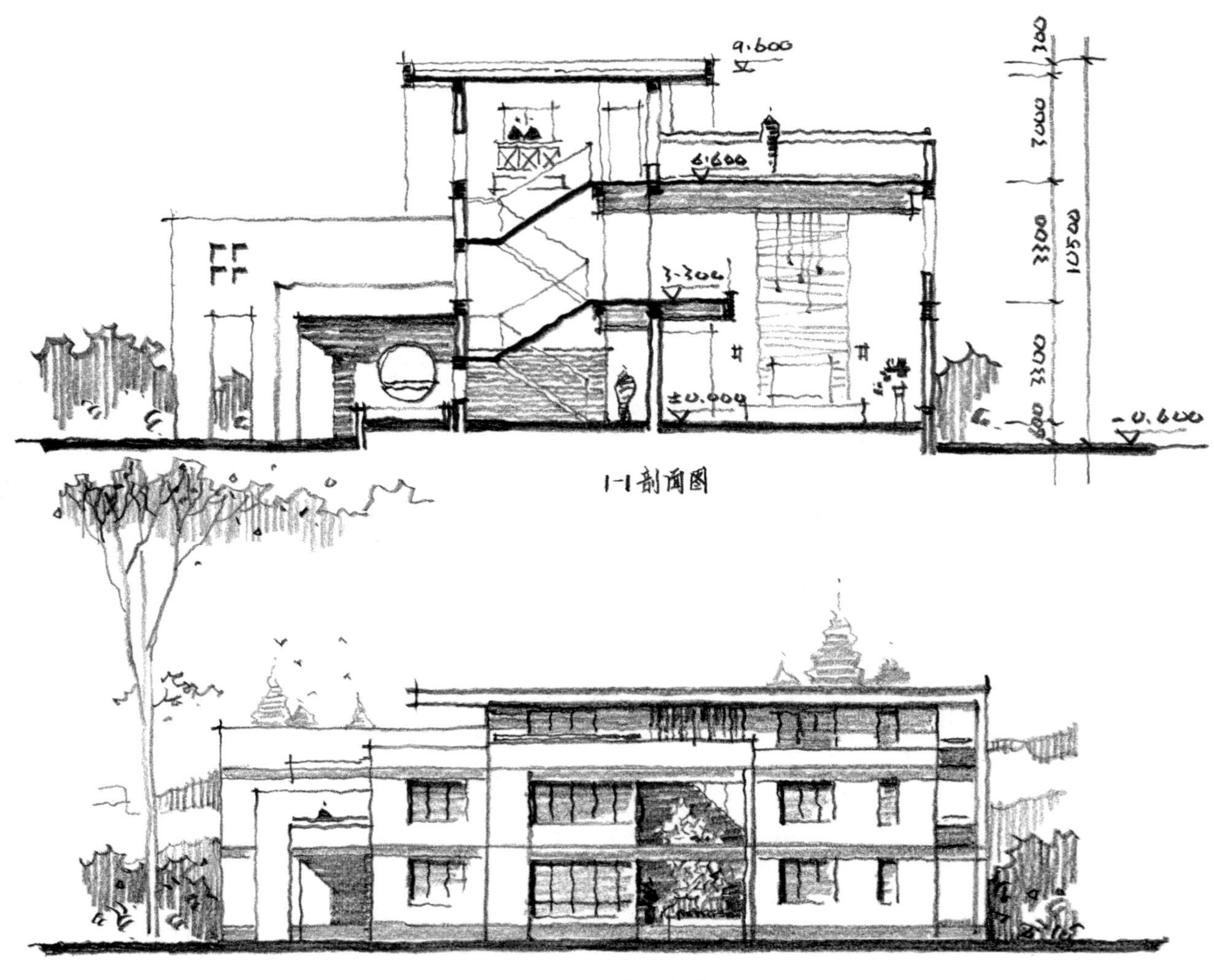

1-1剖面图

南立面图

钢笔草图

方案大体成型，需要深入刻画和表现的时候，钢笔草图会有一些优势，尤其是钢笔画法辅以彩色铅笔和马克笔，画风可兼具清晰、细腻和色彩绚丽、对比强烈的效果，是非常适合认真学习和磨炼的草图画法。

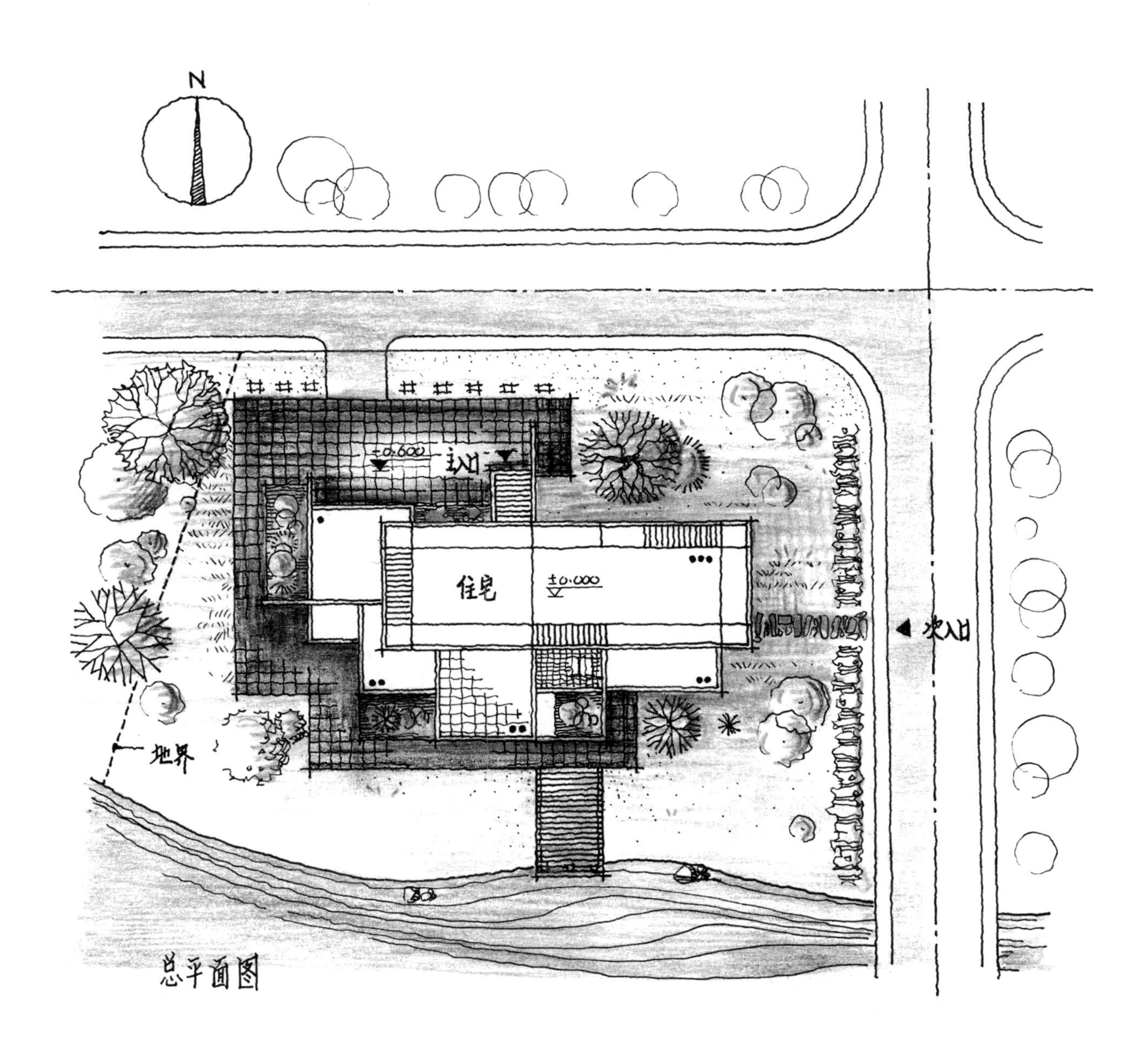

钢笔草图是适合方案深化阶段的草图形式，它能够比较细腻地表达设计内容，也是教学中第二个设计阶段常常采用的草图形式。

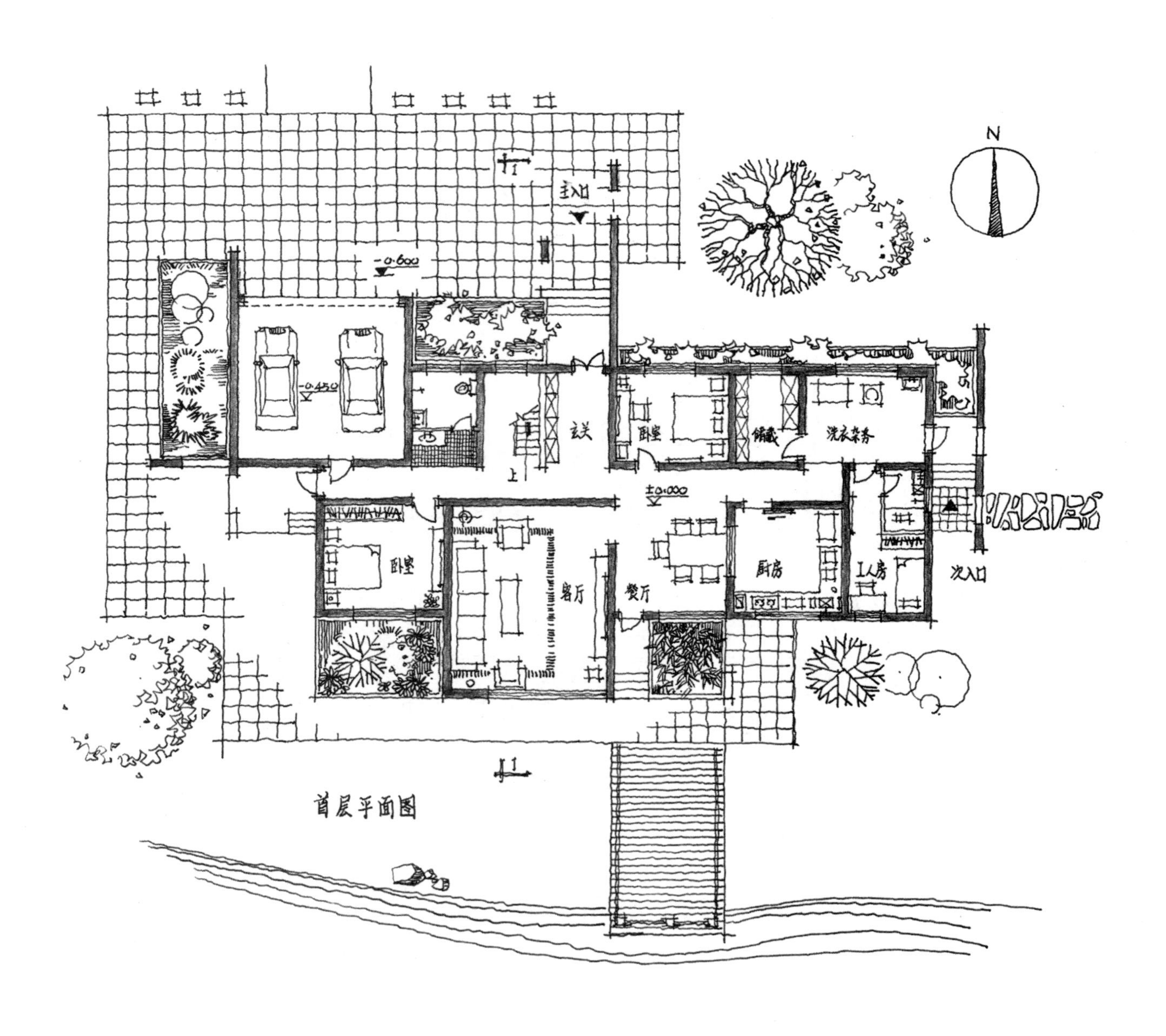

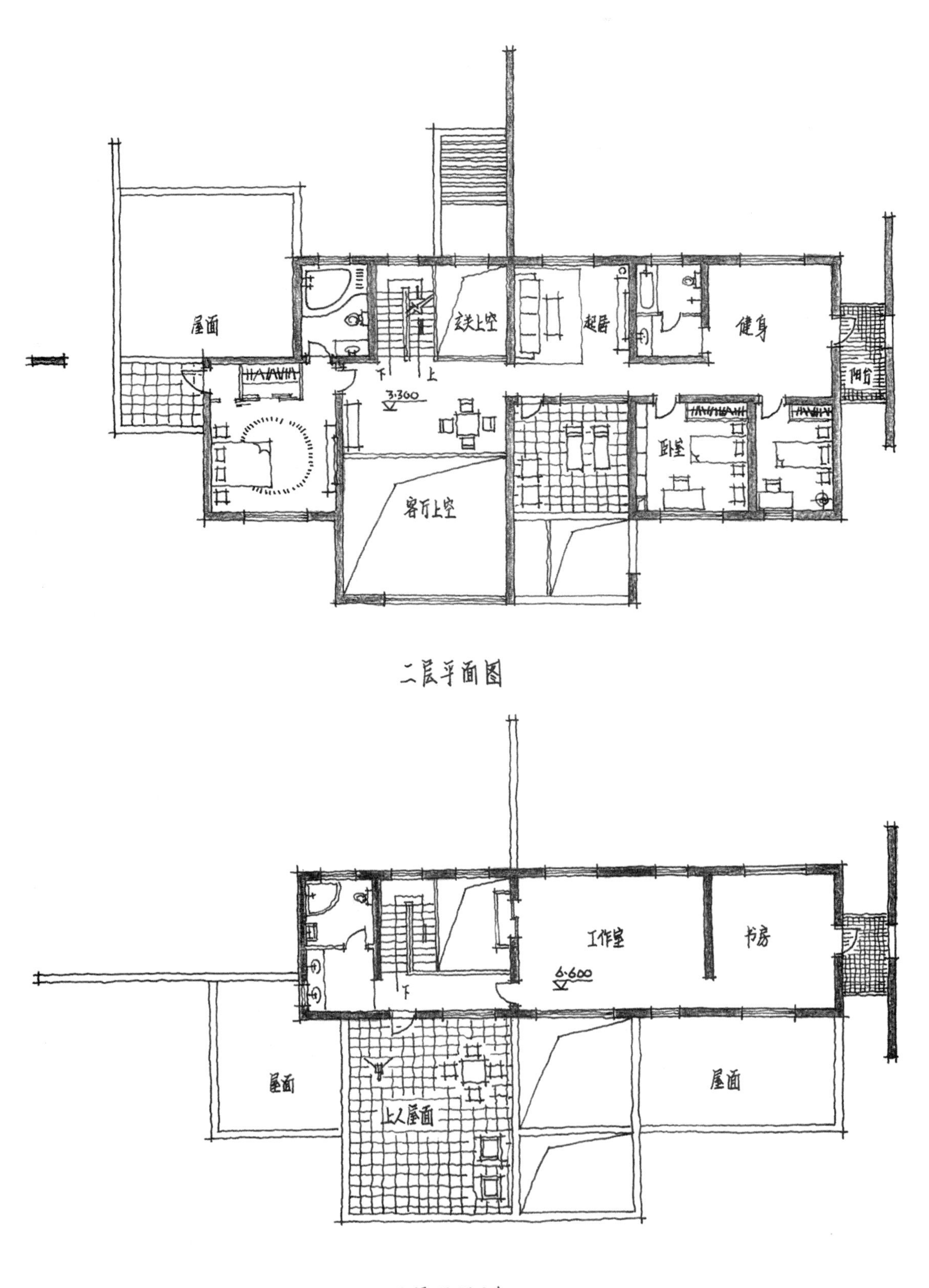

二层平面图

三层平面图

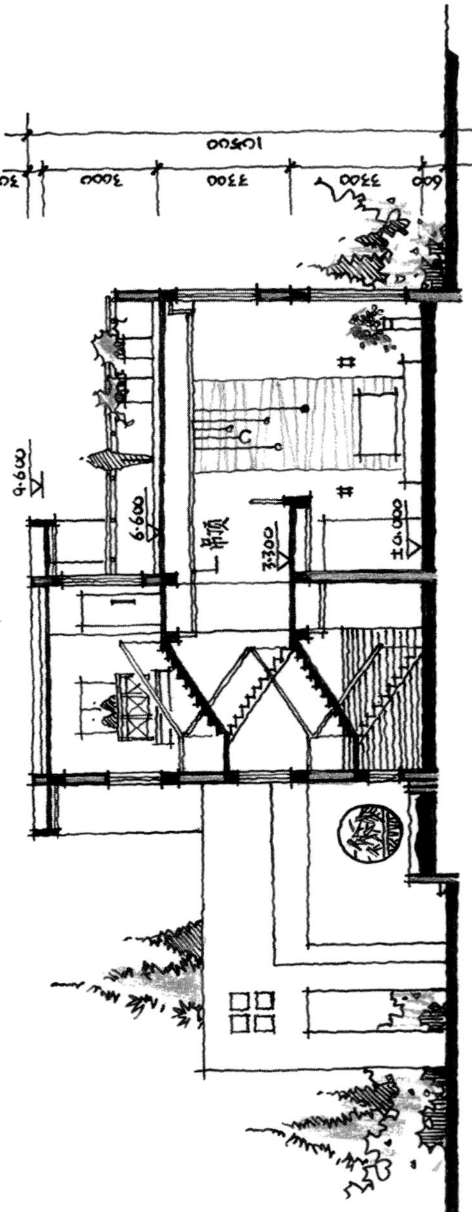

1-1剖面图

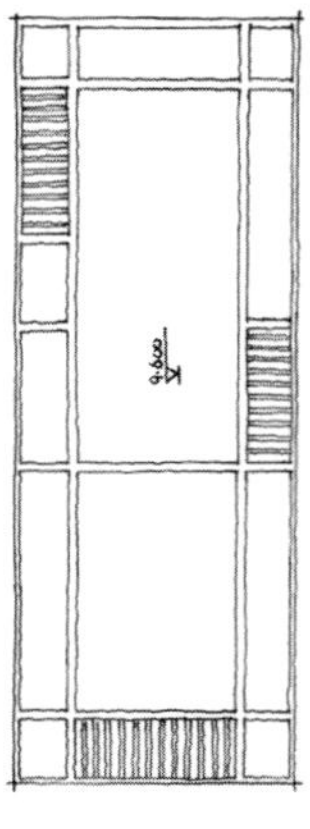

南立面图

屋顶平面图

实际工程中的设计草图

在实际工程中，设计草图扮演着重要角色，它不但是建筑师组织、推敲设计方案的手段，体现出重要的过程价值，也是建筑师之间、建筑师和甲方之间进行沟通交流的重要媒介。说再多的话，也不如用草图更能清晰表达自己的想法和意图。图形表达能力可以说是建筑师的看家本领。有时草图方案还会被直接认可为实施方案。

上图为一个实施方案的过程草图

左图为一个建筑造型草图方案，被规划部门认可，直接确定为实施方案。

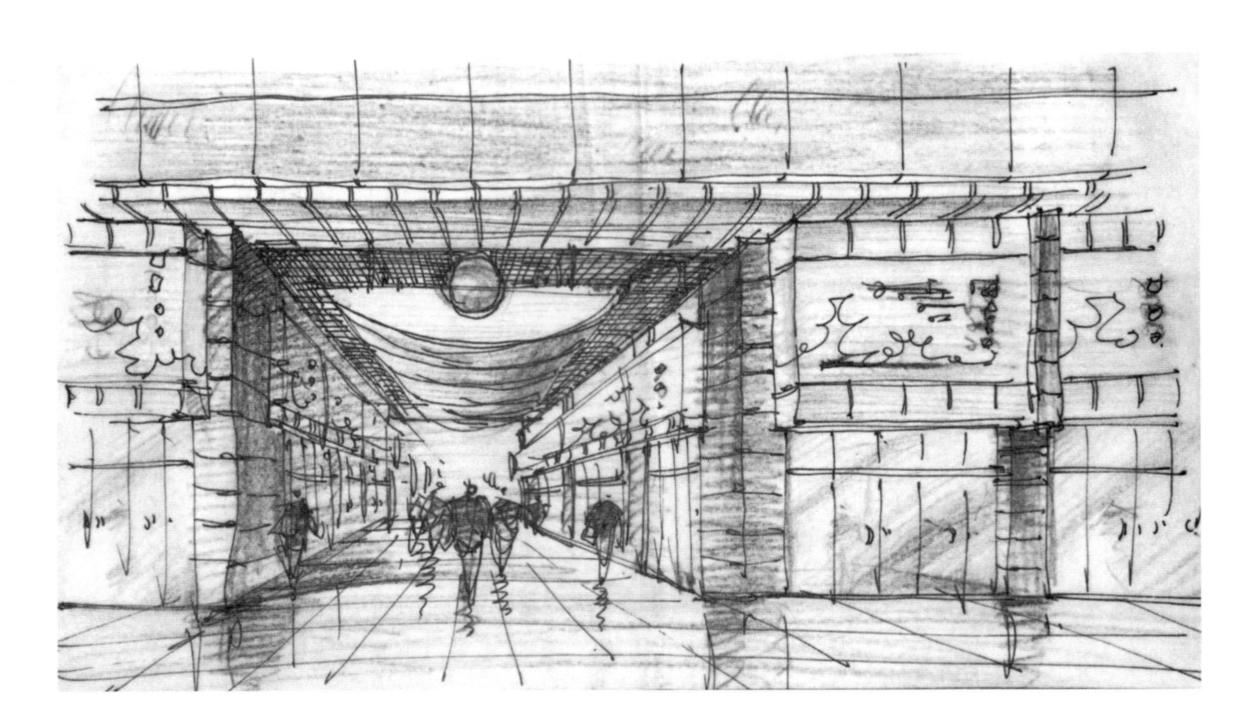

上图为一个建筑外装修设计的方案草图，被甲方直接认可，并根据草图意向完成了设计与施工。

5/壹　绘画中的心理学

人感知到的世界，本质上是一个主观世界，只要经过人的感官和知觉系统的过滤，我们眼中和心中的世界就不可能是真正客观的。比如我们感觉到的五颜六色，就不那么客观，那只是人类对于不同频率的电磁波的主观分辨和感受，很难说自然界是有颜色的，甚至很难保证每个人的色彩感觉都是完全一样的。所谓客观是反映的客观，而不是真正的客观。因此，我们认识世界，就要认识人的感觉和知觉的规律，要了解人接收感觉信息、处理感觉信息、认识和判断事物的规律。认识这些，才能认识绘画的本质，帮助我们选择科学的绘画方法，提高绘画效率，抓住绘画的关键，做到凭直觉和理性两条腿走路，知其然知其所以然，少走弯路，快速进步。

在心理学的各种理论和流派中，与绘画关系最为紧密的要数格式塔心理学，这个理论博大精深，其关注整体的核心理念渗透到各个学科领域，而且，格式塔心理学本身就是从研究人的知觉及其组织图形的规律起家的，这显然与绘画和造型设计密切相关。

格式塔是德语“Gestalt”一词的音译，它在心理学中的含义是具有某种组织结构和形式特征的整体，即“the whole”。格式塔心理学是 20 世纪 20 年代由库尔特·考夫卡（Kurt Koffka）等心理学家创立的。格式塔心理学在我国也被译为完形心理学。完形就是将形式要素组织建构为整体的意思，强调经验和行为的整体性为其核心理念。

格式塔心理学认为人的知觉有使不连贯、不完整的形式闭合与完善，并以完整的建构形式进行认知的倾向；人的心理活动类似于场的性质，以整体的方式存在，随着新信息、新动力的出现和加入而不断调整和改变；心理场与它所反映和认识的现实存在是一种对应同型关系。格式塔心理学家研究和总结了一些人在感受和组织环境信息以建构意义整体时遵循的组织原则，这些原则也被称为组织律。

这些组织律包括：在环境中，强烈的、鲜明的、动态的事物容易被关注而突显为图形，因各种缘由而被关注的对象也必然突显为图形，不突出和不被关注的事物便退居到陪衬地位而成为观察的背景；相似的、接近的、连续的、同步变化的事物或要素容易被一起识别并组织为整体；人有将不完整、不闭合图形进行完善使之成为完整、闭合形式的倾向，这就是所谓的完形能力；人会整体地看待事物并识别它们的意义，而不会把事物看成要素的简单集合，就像我们不会把一本书看成一片像素一样。

完形与其说是组织和完善形式，不如说是组织和建构意义，因为完形总是向有意义的形式完善，而不是向简单纯粹的形式完善。对于原本完善的形式，要明白它在环境中的意义，就不仅仅是形式完善，而是真正的意义判断。没有意义判断,形式完善也就没有意义了。完形指向的是有意义的形式。有时,同一个图形可能代表两个甚至多个有意义的形式,这就是形式在知觉中的多义性。心理学的书里有许多这样的例子。

可以看出,所谓完形,实际上是一个对知觉要素的分析、组织、完善、想象、赋予意义的复杂过程,这体现的是知觉和意识的能动性而不是反映的客观性。正因如此,我们能从随意翻滚的云团中看到各种变幻的形象,也能从冬季窗玻璃的冰花上看到美丽的丛林和奇花异卉。所以,全部的观看都是意义的组织过程。

形式认知的格式塔是感知要素在心理空间中建构的知觉整体。这个整体和感知对象的客观存在同型而异质。我们观察到的每一个事物在人的头脑中都有一个对应的格式塔,一幅画、一棵树、一句话、一首乐曲、一个动作等等无不如此。它们是一些意义整体,而不是一堆知觉要素。要素的价值由整体的意义所决定。要素的单独表现和它处于某个体系中的表现是不同的,因而同样的要素可以被知觉转化为不同的结果。

对于一个认知格式塔,要素和整体是相互支持的。但通常要素对于整体而言有很大的冗余度,而且人有非常强大的辨识和完形能力,能通过部分信息或残余信息去完形一个可能的整体。所以,即使有些要素丢失了,有些部分被挡住了,要素多一点或少一点,都不影响我们对这个意义整体的辨识,有时凭借很少的信息,我们也能辨认出一个图形的意义,就像在全息摄影中,通过局部或碎片都能还原出整个画面一样。这是人的一种重要生存能力。这种能力帮助人通过蛛丝马迹发现隐藏的敌人和潜在的威胁。正是这种能力,使我们有可能用非常少的线条画出一个人、一辆车、一架飞机或一个场景,使另外一些人通过这些有限的图形信息在头脑中还原为绘画者所指向的现实事物,这也说明人观察世界的方式与照相机是有本质区别的。我们能够理解残缺的信息,能够将不全面的信息补充整合为某种我们所熟悉的事物或形式。完形能力是人的生存需要的产物,是生存选择的结果。

但人的完形能力和对于信息冗余量的宽容总会有一个限度和边界,一旦某些关键的视觉要素被遮挡或被破坏了,完形就难以实现或难以准确实现了,要素就难以被识别为确定的形象或被识别为错误的形象。冗余度的边界不是纯粹量的比例问题,某些关键信息起着形象支撑和形式骨骼的关键作用,一旦它们被触犯,甚至被少量触犯,完形的准确性便会受到影响,而某些非关键信息的增加或减少,即使量很大,似乎也无关紧要。

完形是多向的,目标取向的定位与人的经验有关。我们一定是将要素往我们熟悉的和经验过的事物上完形,而不是往我们从来没有见过的事物或形式上完形;往让人警觉的事关生死的事物或形式上完形,而不是往无关紧要和细节琐碎的事物上完形。另外,完形的方向和结果受场景情境的制约,形式要素在一种场景中会被完形为某个事物,在另外的场景中，则可能被完形为另外的事物，当形式极度抽象的时候，其多义性会很强，随场景被完形为不同事物的可能性就增大。

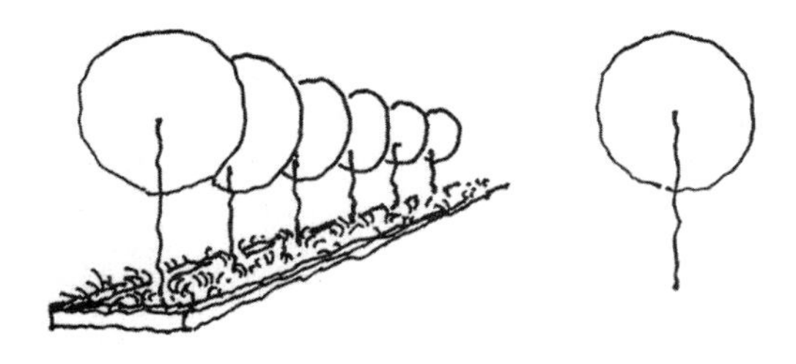

右面的形式在左边的场景中被完形为一棵树，在另外的场景中则可能被认为是一把扇子，到底是什么，并不是形式本身所决定的，而是由人的完形取向决定的。形式的意义是由其所在的整体场景赋予的。这正体现了意义的整体性和整体意义赋予要素意义的格式塔心理学规律。

完形能力使我们在绘画制图的时候能够做些省略而无关大局。比如通过刻画部分细节而渐渐虚化和省略其他部分的做法，能让人意会出整个区域被填充完成后的效果，既省事又生动。这种变化填涂而非均匀填涂、部分填涂而非全部填涂的做法也有许多非常具体而真实的依据。比如视觉观察有近实远虚的空气透视规律，填涂和完善近处而空缺和弱化远处的做法是合于真实的；形体在光照下有亮面、灰面和暗面之分，我们表现它们的素描关系时，就要填涂其灰面和暗面，空缺或减少填涂其亮面；环境对事物的每一部分都会造成色彩、明度变化不均的影响，所以每个面的绘制都应当是变化填涂而非均匀填涂，画得太匀是不符合实际的；一个更根本的缘由是，人的观察从来都不是均匀的，总是关注的部分清晰而不关注的部分模糊甚至空白，空缺和简化填涂的做法是对人的这一观察特性的反映和模仿，所以合理的简化和省略从来不被诟病，倒是不必要的均匀填涂会让人感到刻板。在透视图中，任何填涂均匀的面都会倾向于二维效果，少了些空间感和生动感。费事的做法不一定有好结果。充分利用人的完形能力，对绘画内容作符合实际的省略和简化，能够使我们快速而生动地描绘出看似纷繁复杂的现实场景，这是所有快速表现方法的理论依据，与之相反的费力不讨好的做法则是愚钝的、没有灵性的、不自然的。

有时我们也会用一些不那么符合实际比例的概括画法，却能相对真实地表现出事物的形貌特征，而看起来并不那么与实际违和。通过描绘拼贴远比实际比例大得多的树叶形式，可以非常生动传神地描绘出特定树种的样子。这其实也是人的视觉的强大完形能力在发挥作用。所以，无论是写生还是绘制草图，都要借力于人的完形能力，以最少的时间和精力描绘出生动的场景和形式意象。我们必须承认，即使是最写实、最细致的描绘，都或多或少地依靠人的完形能力实现完美传达形象的目标。不依赖完形的绝对细致准确的表达与表现是不存在的。

格式塔心理学原理告诉我们，当需要快速描绘某个事物或场景时，不要试图复制图像的全部信息，这既不可能，也无必要。我们要尽快抓住决定形象的那些关键环节，次要部分和细节要尽量简化、概括、画铅笔画，不在次要信息和细枝末节的描绘上耗费不必要的时间和精力，不要为冗余信息的不必要描绘所牵绊。

所以，绘画，尤其是快速绘画，一定是主动的、有选择的，因而必然是富有创造性的，我们要保证的是画面良好的还原能力和还原效率，而不是亦步亦趋、面面俱到的描绘。

在绘画时，抽象和简化事物的方式要遵从所要表现事物的组织结构和形式规律，但具体的抽象简化方式并无确切规定，因而具体做法和做的程度是一种个人化的创造性活动，方法方式不同，效果和风格也会各异。

对某类事物形象的概括和抽象描绘，必然导致不同于这类事物任何个体的准确形式，但这种抽象化图形却往往更能抓住这类事物群体特征的本质，这将导致高效率的绘画，用最少量的要素满足形式还原和还原程度的需要。这样的抽象形式和抽象方法非常多，值得认真学习和借鉴。这种做法在建筑草图设计中的应用可谓比比皆是。

有时候要素的意义和整体的意义是有矛盾的，当我们关注要素的时候，同时意味着我们无法感知到整体的意义。这时候，我们常常需要和要素保持一定的距离，使我们能更方便地关注到整体。我们欣赏一幅油画，当看清了颜料的细致肌理的时候，就会无法看清这幅画的真相，只有站得远些，看不清那些颜料细节的时候，我们才能看清这幅画的真容，这才是这幅画的意义所在。

心理学上的许多规律对于绘画是有启发意义的，需要我们在心理学理论的学习和绘画实践中予以关注和总结。

6/壹　透视要点探析

透视是我们的眼睛在一个位置以一种姿态观察时看到的画面，不同于我们的实际观看行为和感受到的现象，本质上它更像是相机的观察。完整介绍透视知识需要很多篇幅，而多数建筑学和艺术设计类专业都开设了阴影透视类课程，所以，接下来要探析的是一些人们认识得还不够深入透彻、却非常有启发意义和应用价值的透视问题。

圆的透视

快速准确地绘制圆的透视在绘画中是一个难点，我们常常会疑惑某些位置的圆形物体应当怎样画，即它在透视观察时会成为什么形状。

圆只有平行于画面被正面观察时才不会变形，在任何别的角度下观察，圆都会变为椭圆，这个椭圆的形式在轴测图中和在透视观察时还有不一样的特征和规律。

在各个角度的轴测图中，椭圆圆心与实际圆心总是重合的，同样大小相同视角的圆，所看到的椭圆形状和大小不受距离影响，轴测图也因此不如透视图看起来真实。水平放置的圆，其观察椭圆的短轴总是过圆心的垂线，长轴也因而总是过圆心的水平线。其他角度放置的圆，其观察椭圆的短轴与过圆心的圆面垂线共线，过圆心做短轴的垂线，便是长轴所在直线。观察椭圆总是与外接正方形相切，切点也总是正方形的中点，找到每个切点及其与长轴对称点，就能得到椭圆上的八个控制点，用这八个点就能大体确定椭圆的基本形式了。

在透视观察圆时，观察椭圆的形状和大小会随着观察距离和观察角度的变化而变化，受到透视规律的影响，连观察椭圆的圆心与实际几何圆心也会发生分离和偏移，观察椭圆圆心比几何圆心要更靠近观察者的眼睛方向一些。同样大小、相同视角的圆，其透视椭圆会随着距离的增大而变小，这与轴测图的情况有所不同。

和轴测图相同的是，无论从哪个角度看，透视椭圆的短轴都穿过圆的几何中心，而且透视椭圆短轴与过圆心的圆面垂线也总是在一条线上。这是因为当人看一个圆的时候，通过眼睛、圆心这条线且垂直圆面的观察面，切出了最窄的透视椭圆短轴，而圆心垂线就位于这个观察面上，因而在观察者看来它们就是一条线，透视椭圆的圆心也只能在这条线上向观察者偏移。这种共线规律，为绘制透视椭圆提供了简便的参照，比如画正向行驶的汽车轮子时，轮胎的短轴就可以通过从几何圆心画车宽方向的透视线来大体确定短轴的位置和走向。透视椭圆的长轴通过椭圆圆心垂直于短轴，透视椭圆的圆心偏移，也意味着透视椭圆的长轴向观察者一侧偏离圆的几何中心，这个偏移量不太大，可大体估计，近处的圆偏移量相对大且偏移明显，远处的则偏移量小且偏移不明显，可按同心对待。透视椭圆无论如何都不会超出圆的外接正方形的透视边界，而且总是与正方形的透视边界相切，这些切点是外接正方形各边的透视中点，且仍然在椭圆上，只不过这个中点不像轴测图一样仍然是各边的实际中点，其位置随透视变形的情况而变化。可通过做对角线的方式求出四个边的切点位置。接下来便可以参照轴测图的做法，确定透视椭圆上的八个控制点，这样就能相对准确地确定透视椭圆的形式了。椭圆的饱满度与观察角度有关。视线与圆面的夹角越小，透视椭圆的短轴就会越短，饱满度越低，反之则会越长，饱满度越高。

视垂线、视斜线和更多灭点

谈到透视，我们都知道有一点透视、两点透视和三点透视。灭点消失于视平线上，这是常识，其实也是一种特殊情况。在野外复杂场景和地形条件下，面对形状各异的形体和形体的各种放置方式，问题要复杂得多。画面上可能会出现远多于三个灭点和不止一条灭线的情况，有视平线，还会有视垂线、视斜线和其他的水平灭线。

在场景中，只要有一组交于画面的平行线，这一组平行线就会在画面上产生唯一的灭点，对于复杂的场景或形体，有多少组平行线，就会在画面中形成多少个灭点。数量可以远不止三个。

另外，如果我们面对一条上（下）坡的路，或是一部上（下）行的楼梯，路和楼梯所在的斜面会在画面上灭失为一条新的水平灭线，这条灭线是经过观察者的眼睛并与道路、楼梯斜面平行的面与画面的交线。

如同每一组交于画面的平行线都会在画面上会聚于同一个灭点，每一组交于画面的平行面也都会在画面上会聚灭失于同一条灭线。水平的称为水平灭线，不水平的称为视斜线，垂直的称为视垂线。视平线是一条常见的典型的水平灭线，是大地在无限远处灭失而成的那条天际线。

在透视场景中，经常会存在能产生视斜线的斜面。在六面体的俯视或仰视透视中，左右两个可视面相对于画面而言就是视斜面，它们在画面上的灭失线就是视斜线。而视垂线的情况就更多了。

我们在写生时，通常要将过于复杂的透视关系作简化处理，靠直觉、眼力和素描能力描绘准确的形体比例，也可大体把控无所不在的透视关系，毕竟最复杂的透视关系都隐含在严格的比例关系之中，只要能忠实地描绘所看到的形象，就等于掌握了准确的透视，这是一种以不变应万变的做法。

水平灭线的区分

一个场景中可能会存在多条水平灭线，有必要根据它们的意义和价值有所区分。

通过观察者的眼睛并与画面平行的水平线可以称为眼睛的俯仰轴，眼睛俯仰观察就好比绕着这条轴转动。凡是穿过或平行于俯仰轴的面灭失于画面中的线都是水平灭线。水平灭线可以分为四种类型。

1. 视平线

所有与地面平行的水平面在画面上形成同一条水平灭线，它就是我们常说的视平线，也称为地平线、天际线，因为地平面在无限远处就消失于这条水平灭线上，视平线处天地相接，所有平行于地面的线的灭点也都在视平线上。

2. 心平线

人观察事物的清晰范围大体形成一个视锥，视锥的中轴称为视轴或视心线，视心线即眼睛观察事物的方向，它总是垂直于假定的透视画面，这个垂点就叫心点，过心点的水平灭线就是心平线，心平线是一条重要的水平灭线，它是视心线和俯仰轴所在的平面及其平行面在画面上的共同灭线，它是一条从观察者角度定义的“视平线”。

3. 物平线

视域中物体表面的延展平面在画面上形成的水平灭线就是物平线，这个水平灭线因物而生。视平线本质上也是一条物平线，即大地这个物的表面在画面上形成的水平灭线。没有地平面也就无所谓视平线。

4. 上平线、下平线

所有平行于俯仰轴的垂直面，上交于仰视画面的水平灭线就是上平线，下交于俯视画面的水平灭线就是下平线，所有平行于这些垂直面的线的灭点都落在上平线或下平线上，所有的垂线都在上平线或下平线上形成唯一的灭点。

视平线取定于眼睛的高度。心平线取定于眼睛的高度和视角。物平线取定于物表面的倾斜角度。上平线和下平线取定于眼睛的位置和观察朝向。心平线、上平线、下平线既是水平灭线，也是天然存在的关系线，与特定的观察位置、观察方式有关。通常的平视情况下，视平线和心平线是一回事儿，但在俯视或仰视观察时就不一样了。上平线只有在仰视时才有，下平线只有在俯视时才有，平视时则没有上平线或下平线。

根据上面的分析，透视的总体规律是：场景中每一组交于画面的平行面都会在远处会聚为一条灭线；场景中每一组交于画面的平行线，都会在画面上形成唯一的灭点；平行面上的线的灭点都落在它们的灭线上；一个场景中可能有许多的灭点和灭线，灭线有水平灭线、视斜线和视垂线。

圆的轴测图

圆只有在正面观察时才是圆的。圆被压扁后成为标准的椭圆。圆在非正面透视和轴测观察时都成为标准的椭圆。

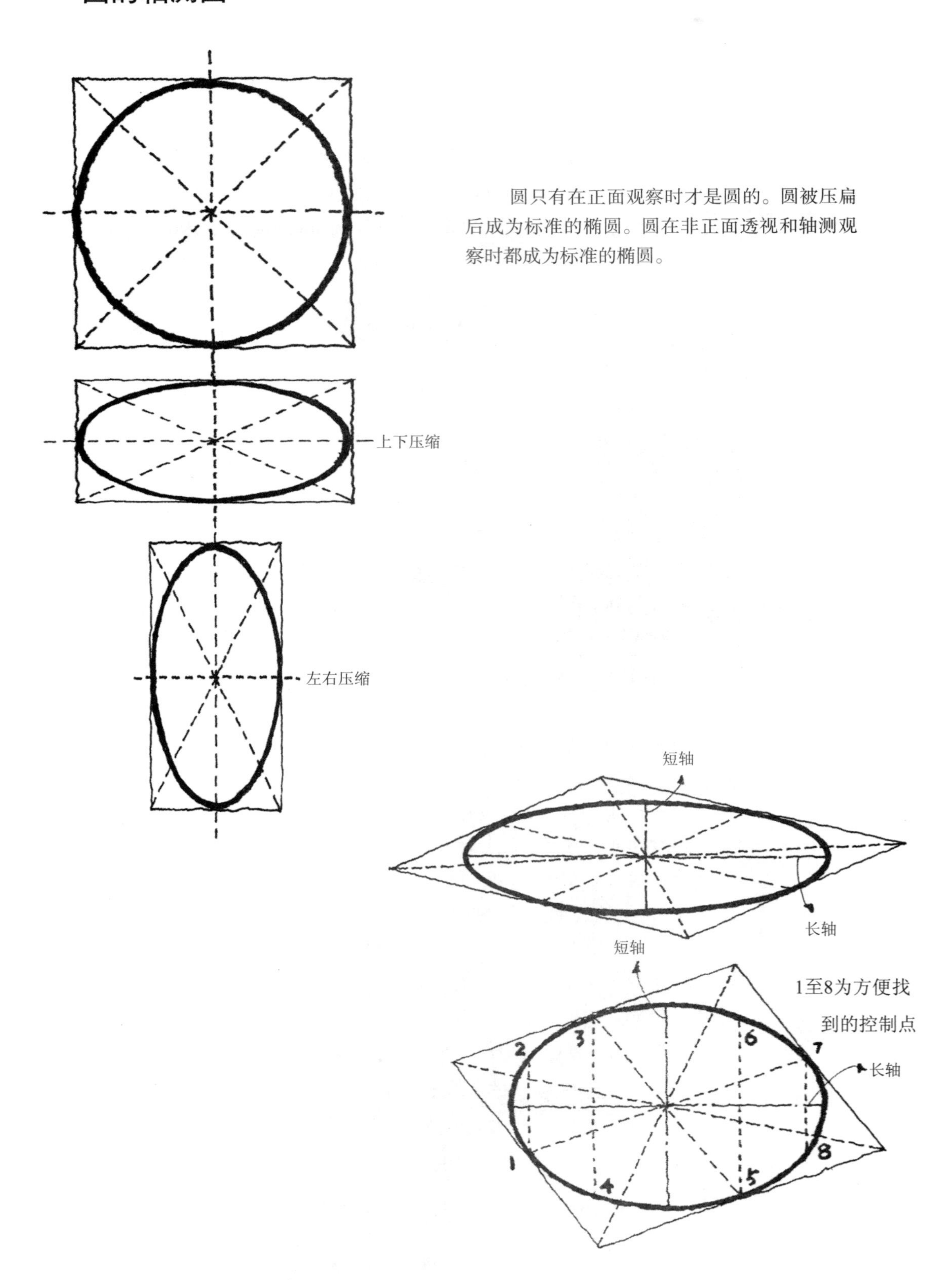

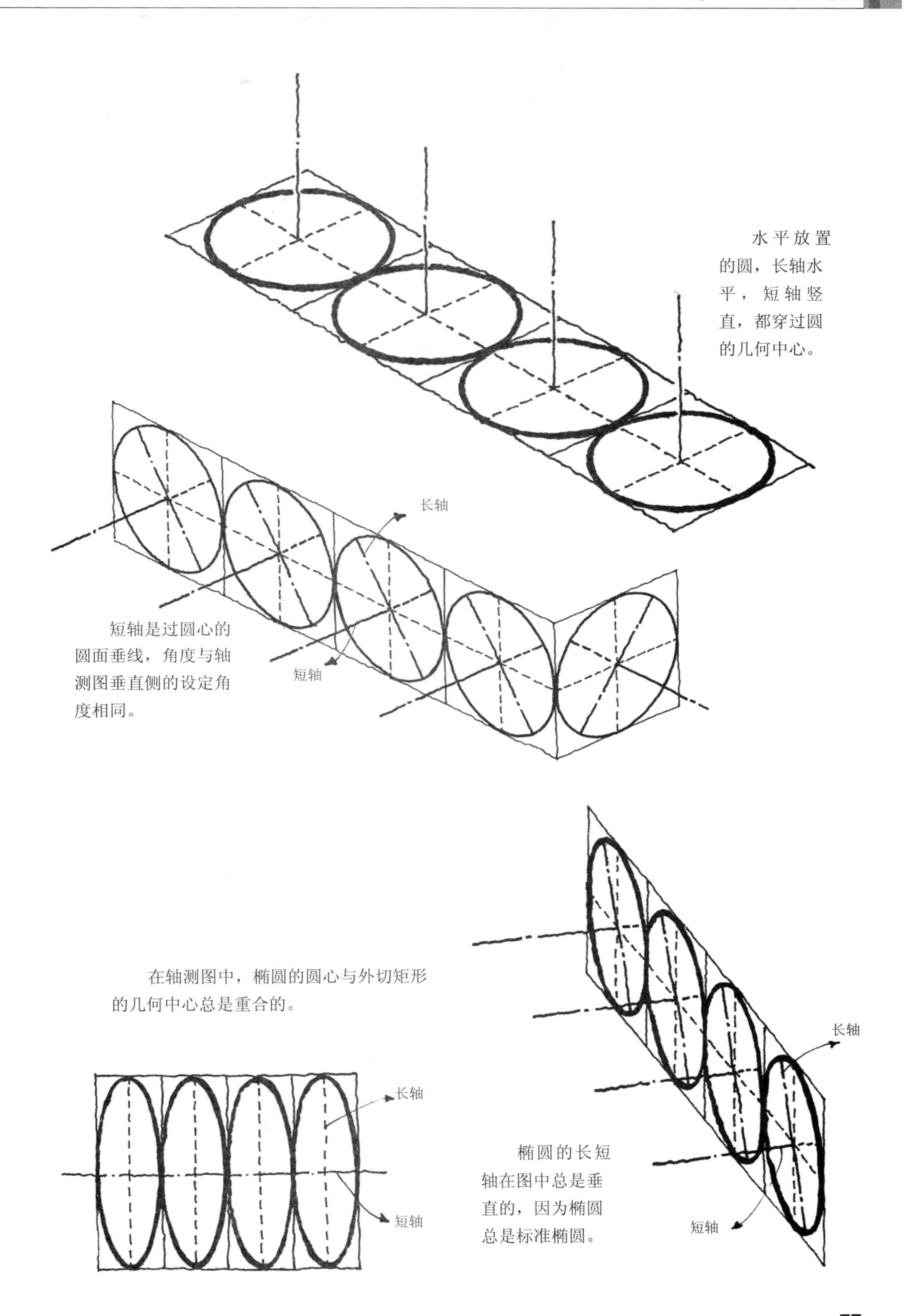

水平放置的圆，长轴水平，短轴竖直，都穿过圆的几何中心。

短轴是过圆心的圆面垂线，角度与轴测图垂直侧的设定角度相同。

在轴测图中，椭圆的圆心与外切矩形的几何中心总是重合的。

椭圆的长短轴在图中总是垂直的，因为椭圆总是标准椭圆。

圆的透视

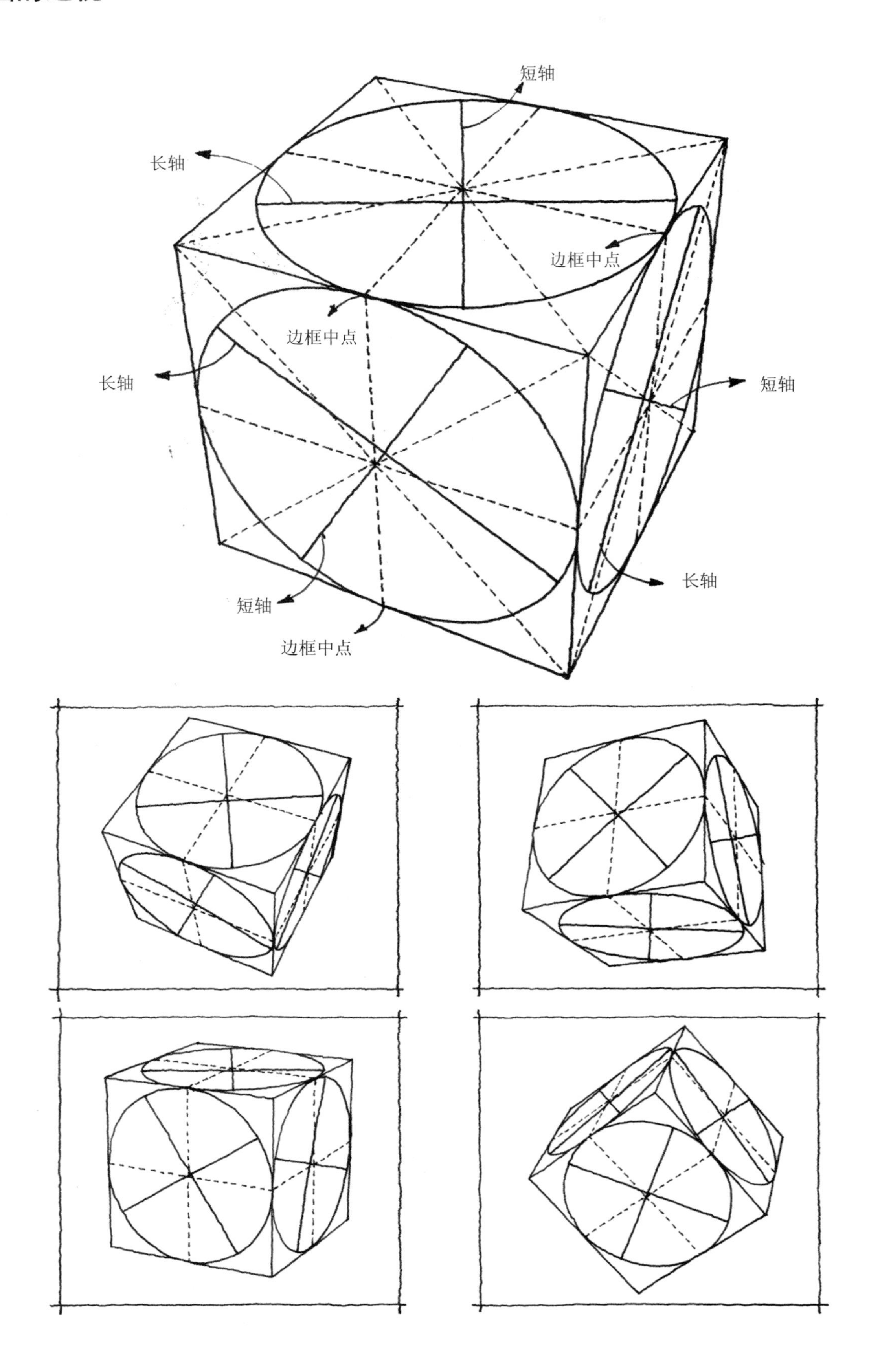

在透视椭圆中，短轴、通过圆心的垂线、通过圆心垂直于圆面的透视线是同一条线。圆的透视椭圆也是标准椭圆，椭圆的短轴与长轴在画面上永远垂直。

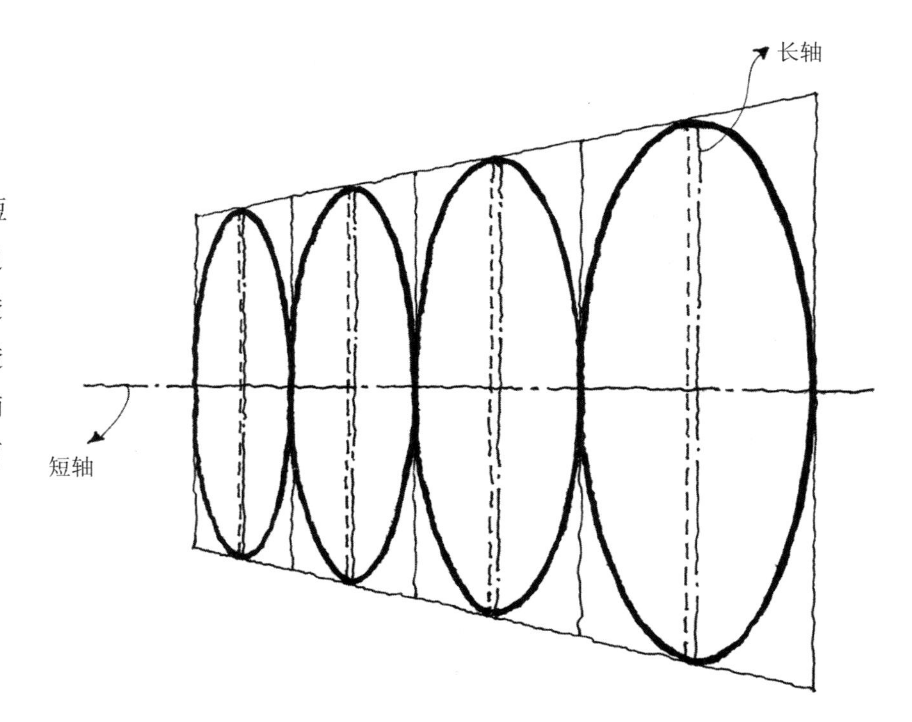

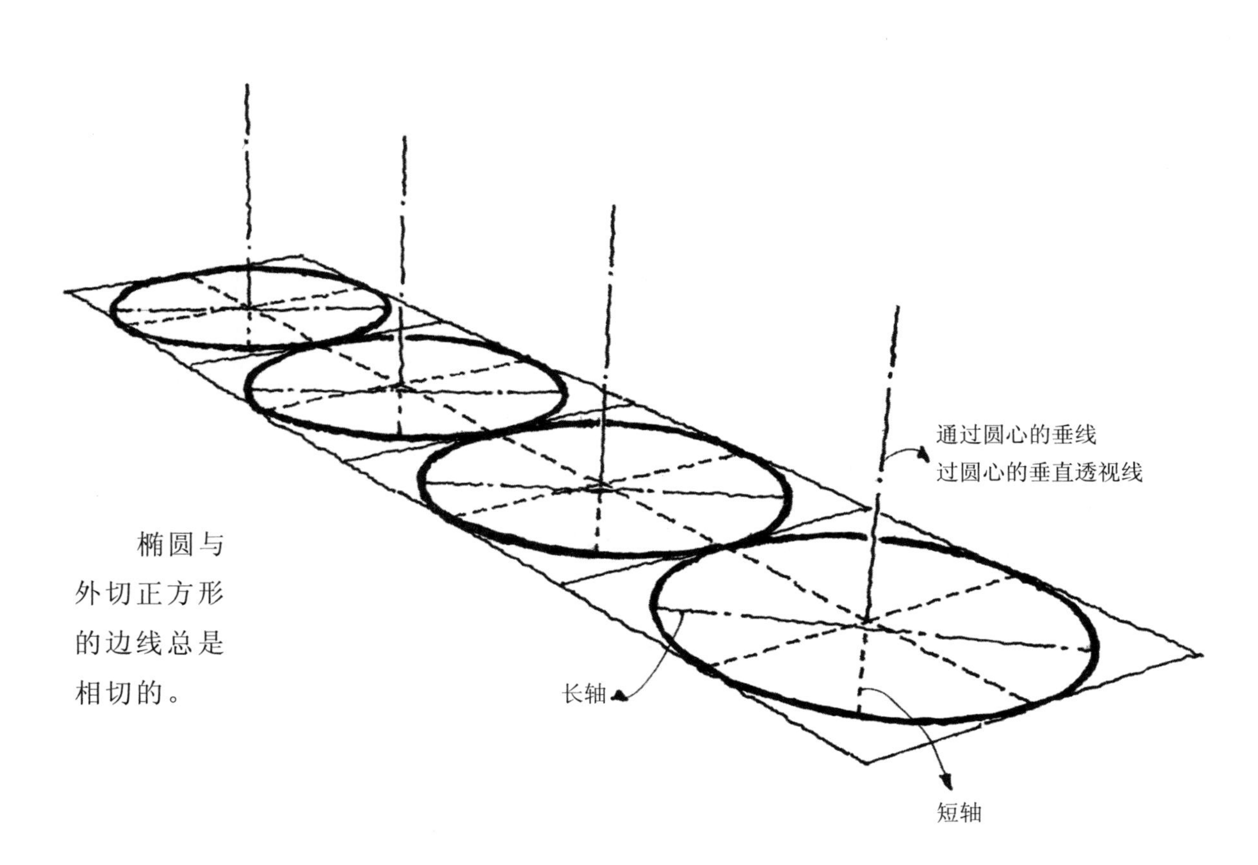

椭圆与外切正方形的边线总是相切的。

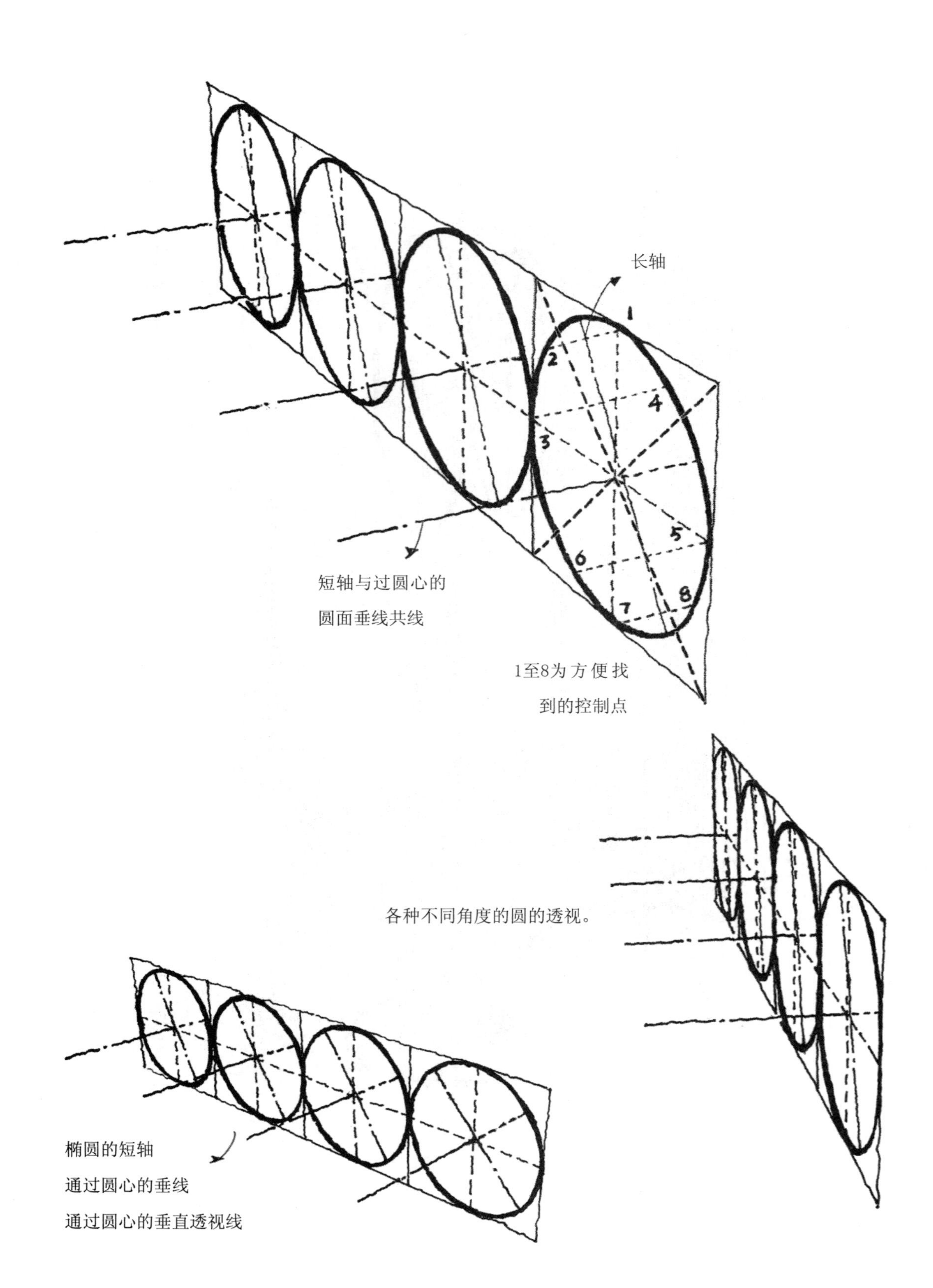
长轴
1
2
3
4
5
6
7
8
短轴与过圆心的
圆面垂线共线
1至8为方便找
到的控制点
各种不同角度的圆的透视。
椭圆的短轴
通过圆心的垂线
通过圆心的垂直透视线

通过不同角度的汽车车轮的透视形式,体会圆的透视变形规律。

可以根据圆心位置和透视关系,标示出短轴的位置和角度,然后根据垂直关系标出椭圆长轴的位置,这样就能把圆的透视形态大体控制住了。圆心偏离可以大体估计,不用太精确。

当汽车距离较远的时候,车轮的短轴接近水平并靠近视平线,这时车轮的透视椭圆接近于比较正的椭圆,长轴接近竖直,而距离较近的时候,车轮的透视变形比较大,车轮的长轴在画面上倾角明显。

这是一组揭示圆的透视规律及其原理的分析图。

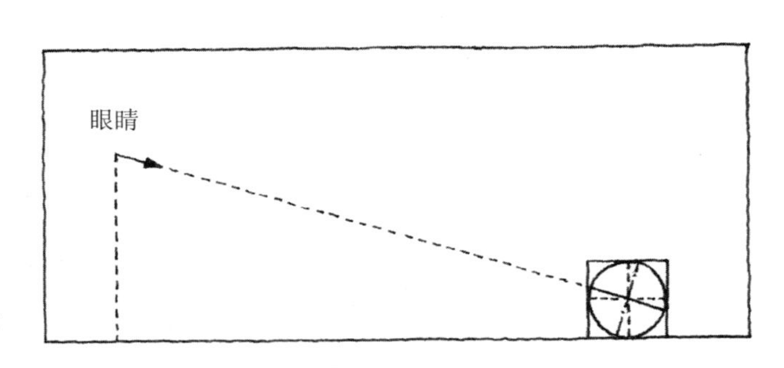

立面示意

平面示意

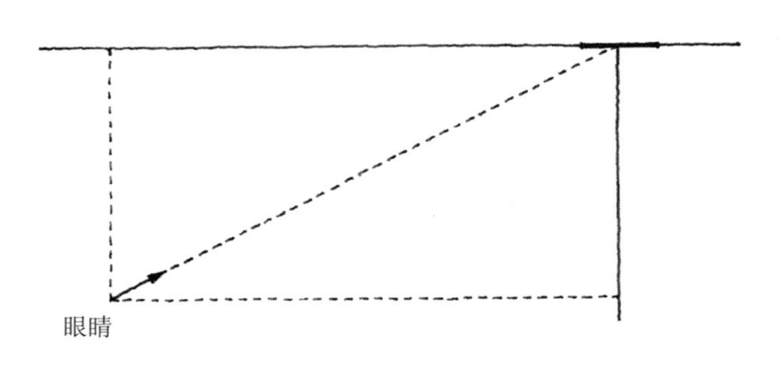

连接眼睛与圆的圆心为一条线，从眼睛做圆所在的面的垂线，这两条线形成一个过眼睛和圆心且垂直圆面的切面，这个面切出圆的透视短轴。过圆心的圆面垂直透视线或垂直轴总是在这个面上，这个面在透视场景中是一条线，所以它们与透视椭圆短轴共线。

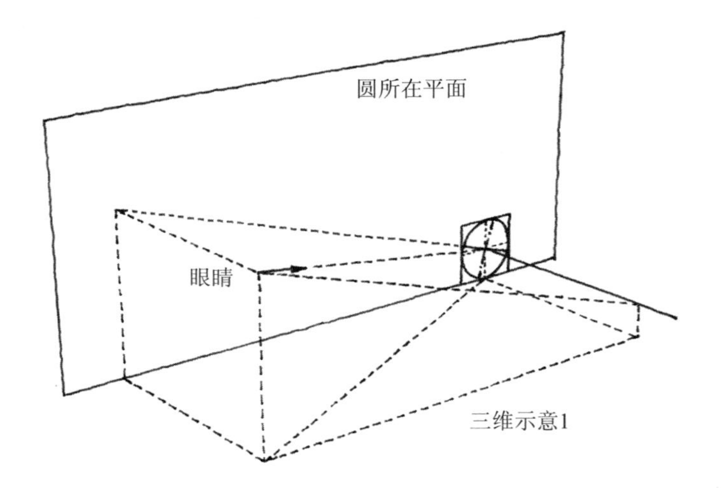

三维示意1

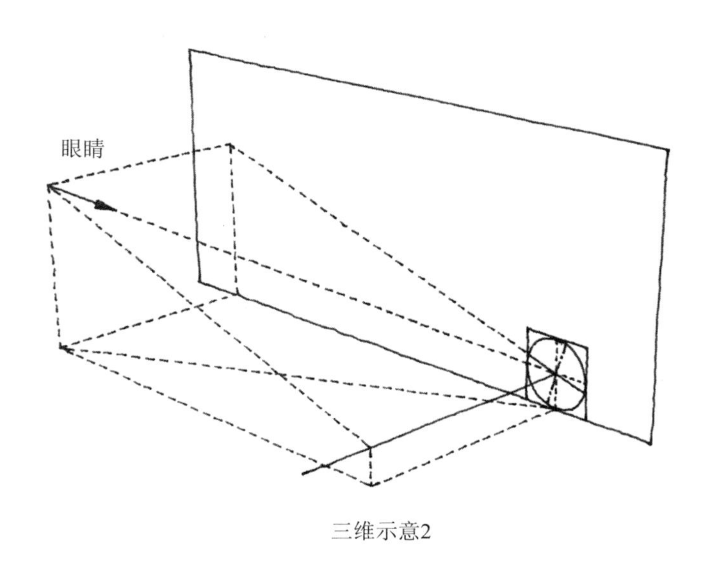

三维示意2

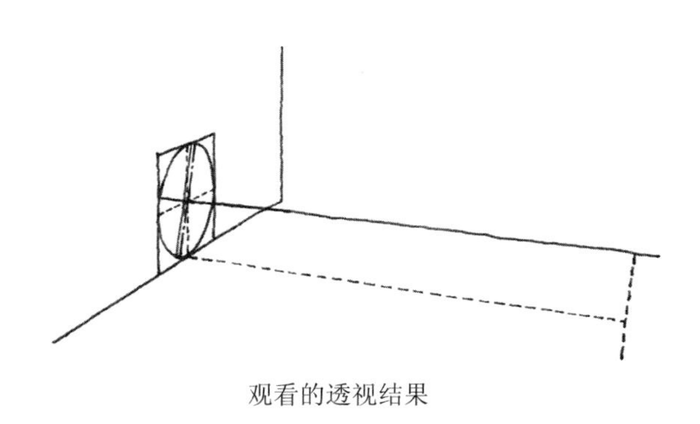

观看的透视结果

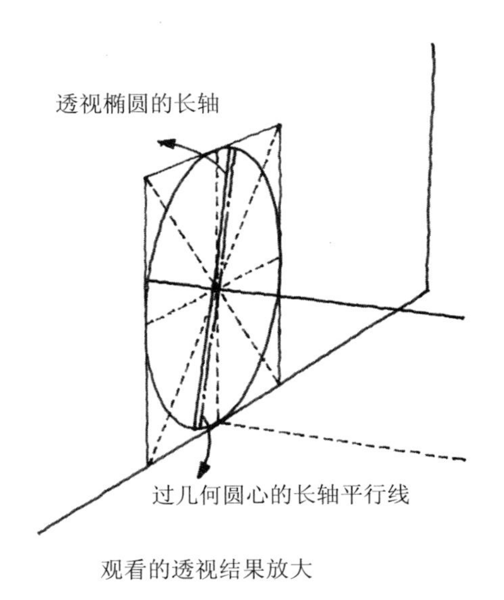

观看的透视结果放大

视垂线、视斜线、多灭点

在透视场景中，有一个交于画面的面，就会在画面上形成一条灭线。与地面平行的面所形成的水平灭线即视平线。平行面有共同的灭线，平行面上的线的灭点都在这条灭线上。每一组平行线都有唯一的灭点。

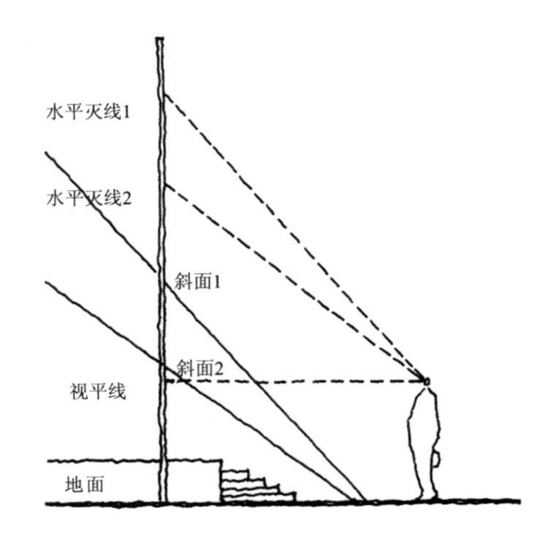

三个不同角度的面形成三条水平灭线。

右面这幅画所描绘的场景中，有一段上坡路，实际上就形成了两条水平灭线和分别落在它们上面的两个不同灭点。平路的灭线就是视平线，与水平面平行的线的灭点均落在这条灭线上；坡路面形成另一条灭线，路的边线和与坡面平行的线的灭点都落在这条水平灭线上。

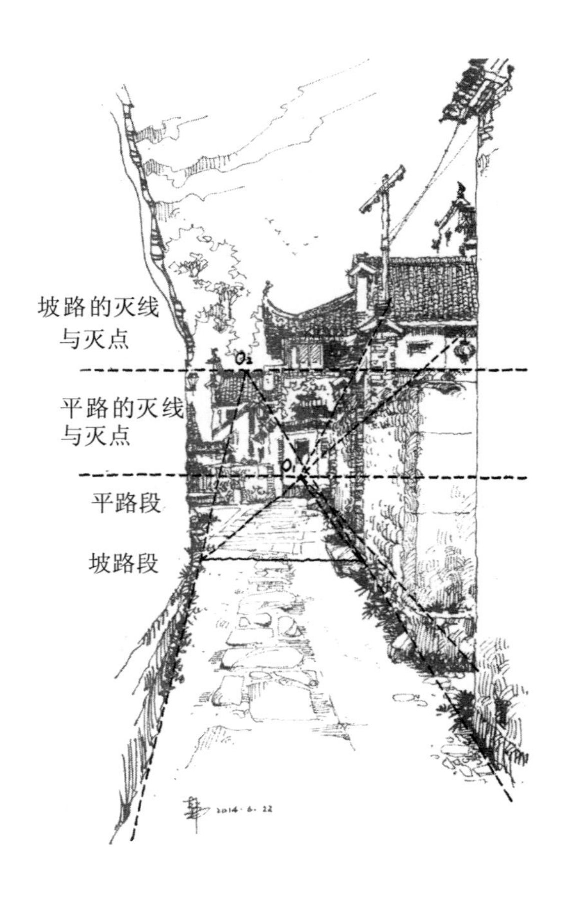

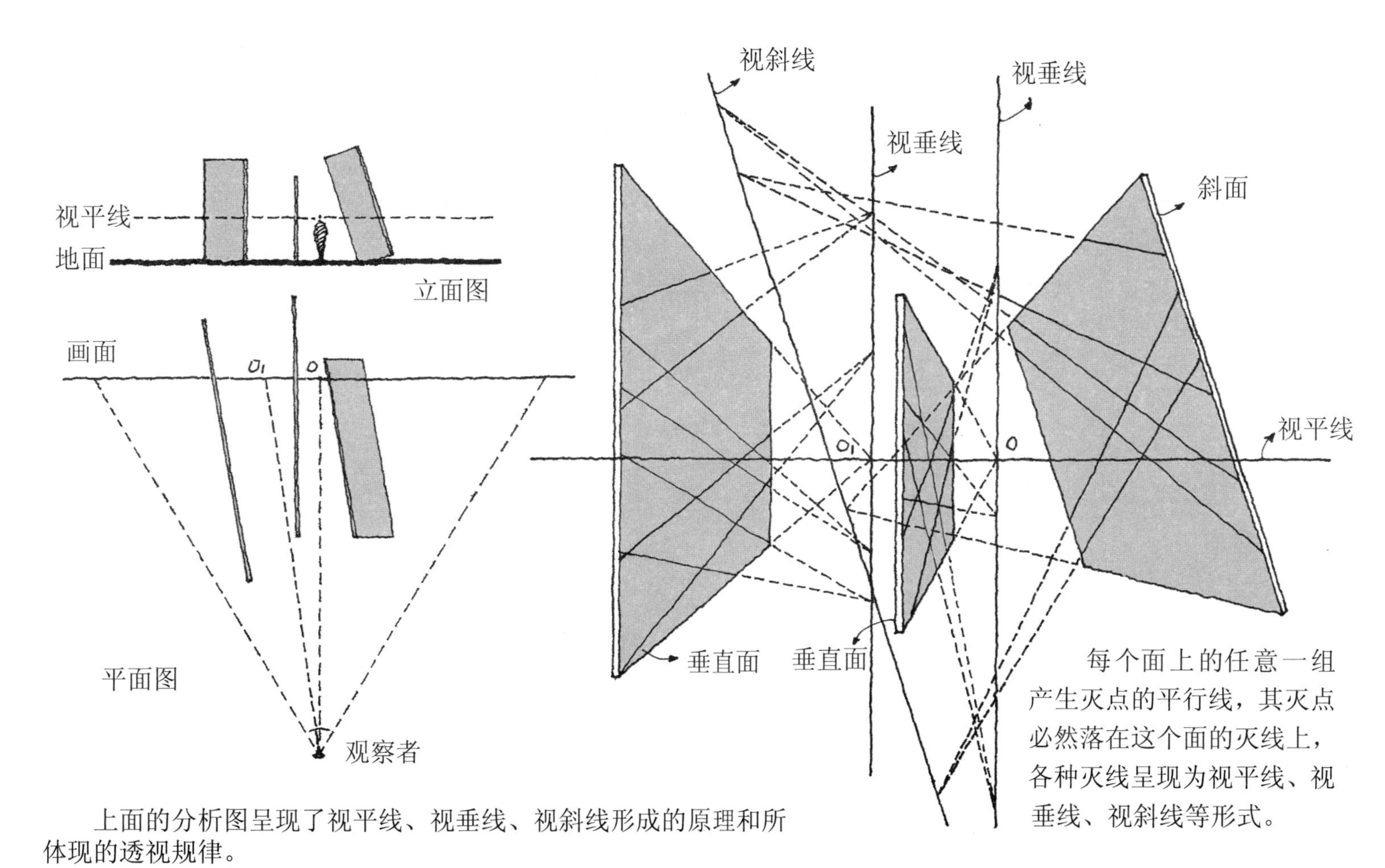

每个面上的任意一组产生灭点的平行线，其灭点必然落在这个面的灭线上，各种灭线呈现为视平线、视垂线、视斜线等形式。

上面的分析图呈现了视平线、视垂线、视斜线形成的原理和所体现的透视规律。

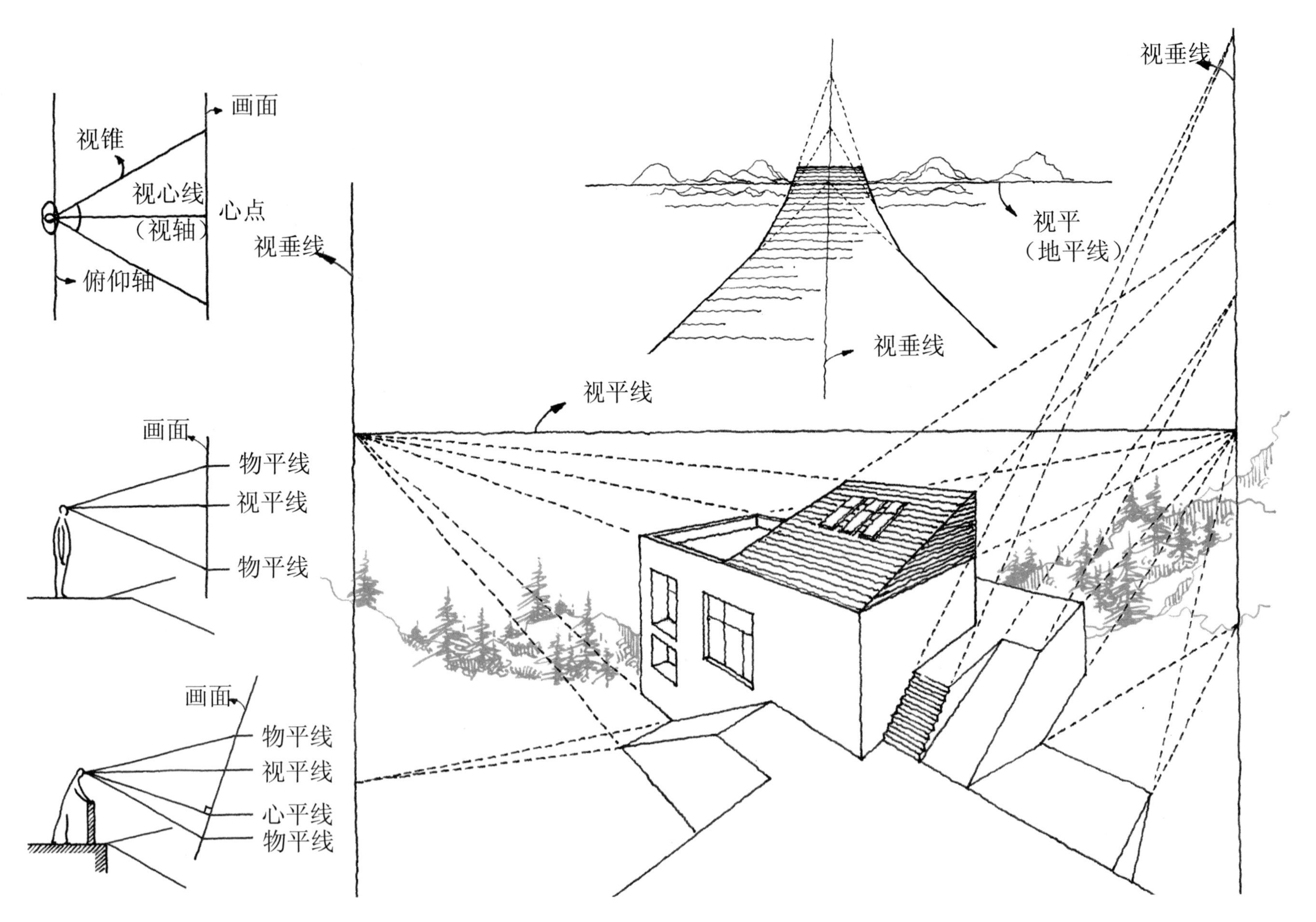
画面
视锥
视心线
心点
（视轴）
视垂线
俯仰轴
视垂线
视平
（地平线）
视垂线
视平线
画面
物平线
视平线
物平线
画面
物平线
视平线
心平线
物平线

视斜线形成实验 1

在正立方体中截取方形斜面，将斜面16等分，字母相同的对角线为平行线。

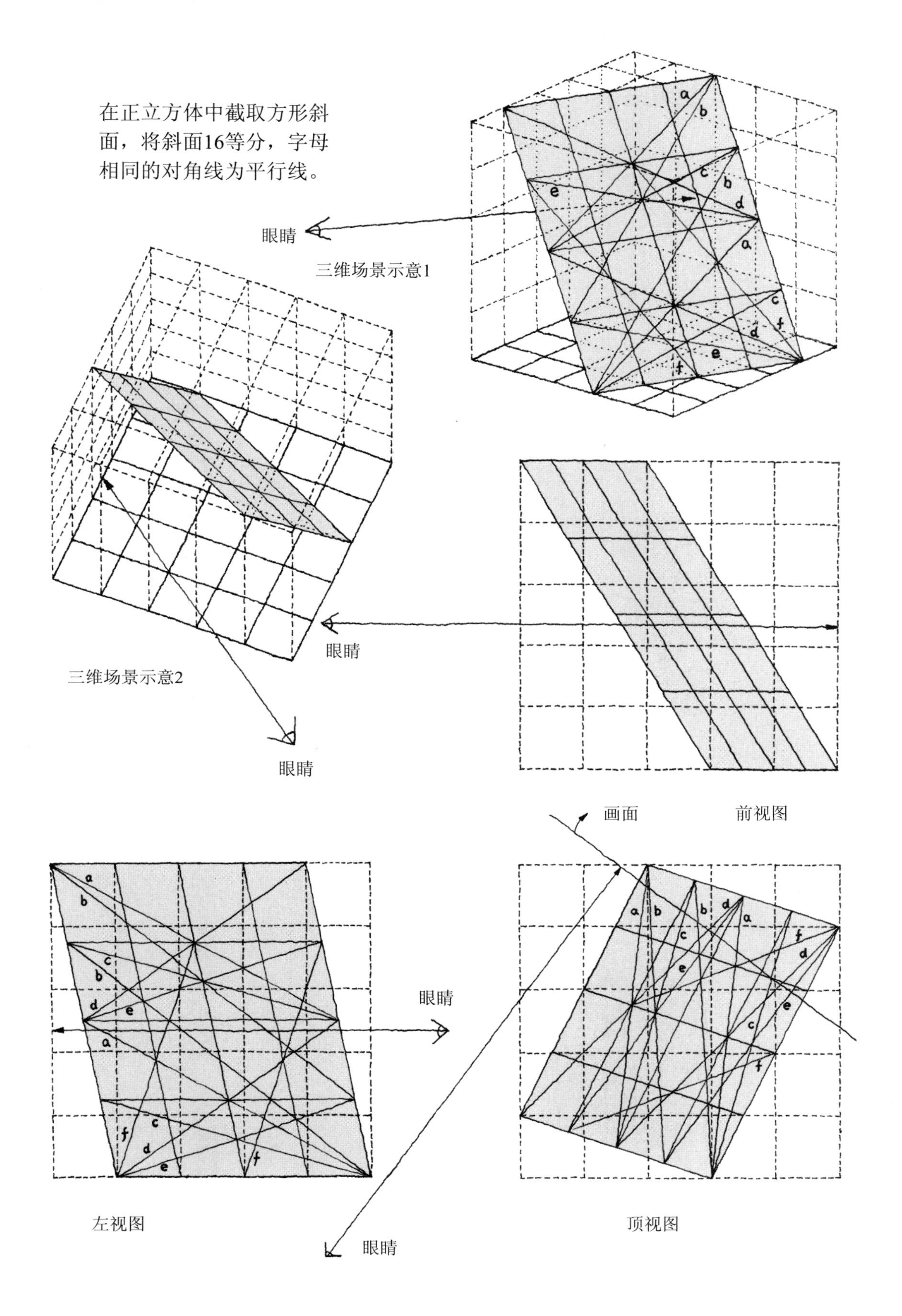

视斜线形成实验 2

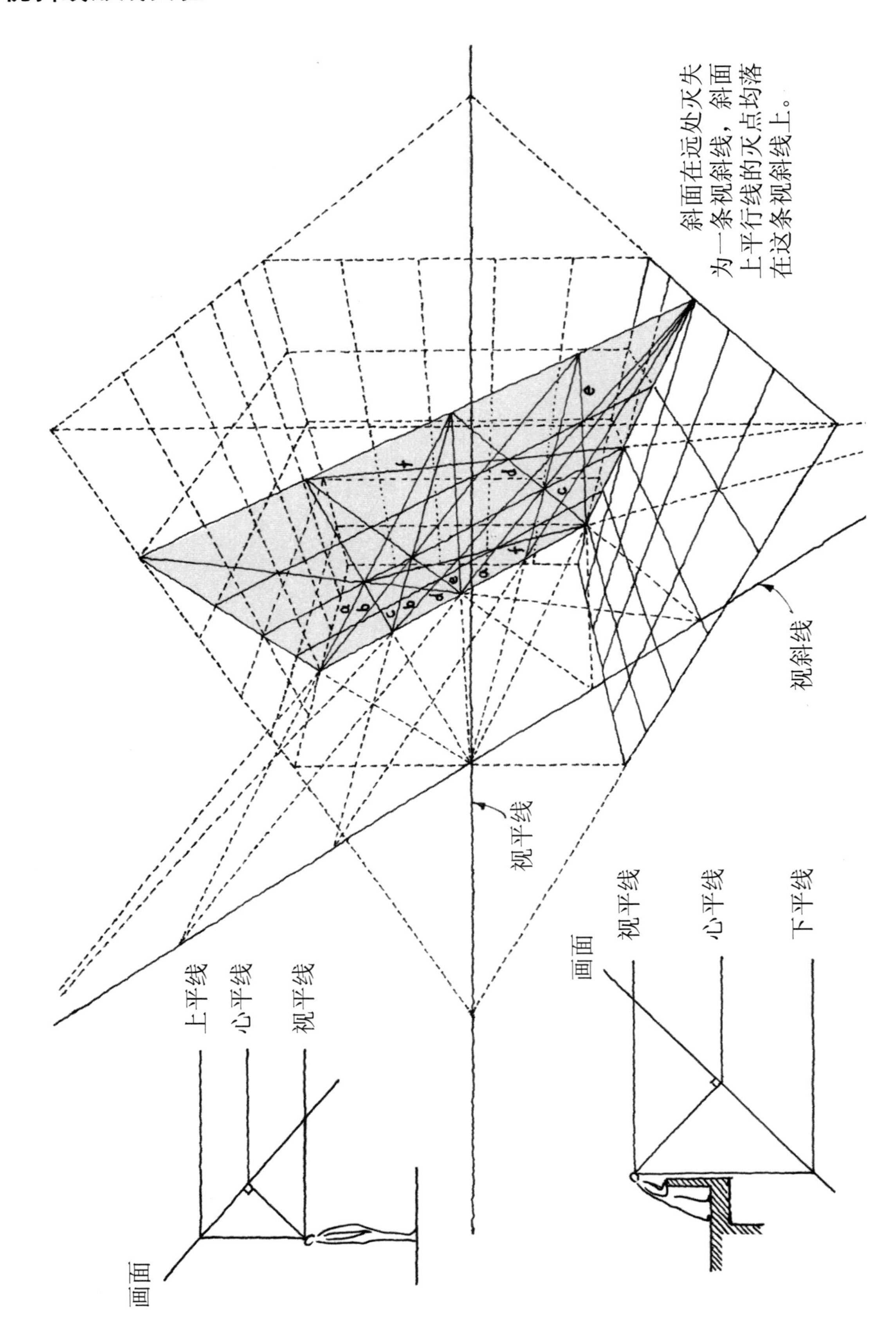
斜面在远处灭失为一条视斜线，斜面上平行线的灭点均落在这条视斜线上。
视斜线
视平线
上平线
心平线
视平线
画面
视平线
心平线
下平线
画面

三点透视中的视斜线

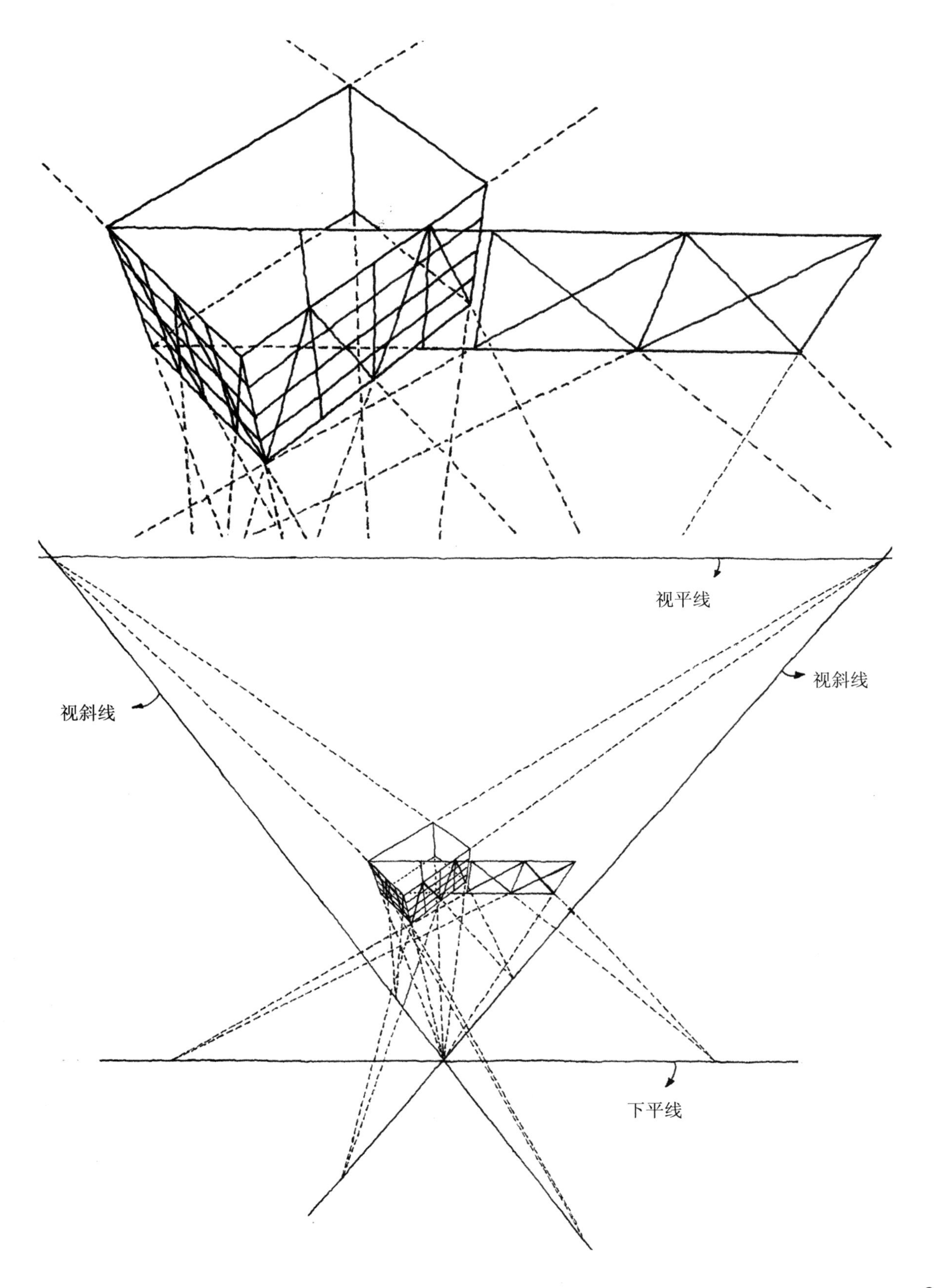

贰

速写建筑配景

建筑配景的画法要点

画好建筑配景，不但是建筑写生的需要，而且是绘制设计草图的需要。多数学建筑学专业的同学都会为画不好建筑配景而苦恼，所以做一定量的练习，临摹一些优秀范例是非常必要的。

学画配景从临摹开始

效果好的配景画法，是无数人总结沿习的结果。模仿他人的做法然后反观实景，就能体会到别人用画笔概括表现景物的方式和用心，这种反观就让我们学到了方法。掌握方法、总结技巧、触类旁通，就提升为能力。所以，摹仿前人的画作，是一种高效率的学习方法。

经过平时的练习，在写生的时候，便能腾出更多精力应对新的困难。平时练习用以应对熟悉的东西，素描功底用以应对不熟悉的东西，这样就能使我们从容而自信地面对任何要绘制的写生场景。这些训练成果，也会在做设计画草图的时候自然地发挥作用。

建筑配景的特点和要求

建筑配景的最大特点就是自身非主角，它们是用于陪衬建筑、塑造场景的，自己不能太突出，不能奇怪、丑陋，甚至不能过于光彩夺目，应以衬托、突出建筑并与场景相和谐为要，以真实地塑造环境为要。超越了服务目标的精彩是不应当崇尚的。建筑配景要与所扮演的角色相符，不能抢戏。

我们对事物的辨别是有层次的，比如辨别一个影像是不是一个人和辨别这个人是谁是两回事，所需要的信息量是非常不同的。在很远的地方，我们通过模糊的影像，就能大体判断出看到的是不是一个人，而要辨别这个人是谁，就要距离较近，五官清晰才行，只需将一个人的两只眼睛遮起来，这个人就不容易判断是谁了。作为建筑配景中的人，并不需要辨别他们的相貌，只需要能被识别为人即可，只要能暗示出一个比较真实的环境情态和烘托出某种环境氛围便完成了他们的使命。

所以，在建筑画中，尤其是在设计草图中，画近景的人，画须眉尽露的人是不必要的。而且，画近景的人和动态的人，需要很强的绘画功底，这是多数学建筑的人做不到的，也是没必要做到的。我们可以看到在一些建筑画或建筑草图中，用简练笔法画出的人，甚至抽象到变形或几何化的人，能产生非常好的画面效果，能够很好地烘托建筑的环境氛围。建筑画的近景人常常只是画出轮廓，完全不着笔于人的容貌细节，这比把人画得很真实效果还好。

所以，在建筑画中，通常以画中远景的人为主，以正、背两面的人居多，以静态的、站立的、行为简单的人居多。这些姿态的人比较好画，比较容易简化概括，这就使建筑师不必为了画建筑而去画三年人体。所以，在建筑画中，尤其是在速写和设计草图中，采用简练简化的人物画法，既有能力限制问题，也有必要性问题，是两者综合作用的结果。

建筑画中的其他配景，如画车画树的要求和画人面对的问题是一样的，所有配景均不以画得准确、真实、精彩为标准，而以能很好地烘托建筑环境氛围为目标。围绕目标，画法或简或繁或实或虚都不是问题，而任何脱离了目标的做法则都是问题。出于效率和难度的考虑，各种配景一般均取简练概括的画法。效率高效果好的最大化才是应该追求的。总之，画配景不必迎难而上，而应当有所为有所不为，要以小的代价谋取大的效益，能满足专业之用即可。

另外，在一个画面上，配景的繁简和风格要一致，不能有些树是几何化的简笔画法，有些是栩栩如生的素描画法。初学者从不同的书上学习了各种画法，又简单地拼凑到一个画面上，结果容易显得不和谐。

建筑配景还要考虑地域景观上的统一，不能在雪景中画几棵棕榈树。景观的南北方特点要统一。在哈尔滨设计建筑和在广州深圳设计建筑，其建筑配景和环境风格必然是不一样的。建筑画要体现出地域气候的独特性和画面内容的协调性。

作为建筑师，我们有自身的职业目标。学画画是为设计服务的，我们要有能力把自己的设计很好地画出来，要表现得生动感人。但我们的目标不是成为画家，甚至不是成为建筑画家。一般而言，建筑师只要能够画好几棵树、几个人、一部车、一点花草就足以应付职业所需了，就可以用一辈子了。我们不需要在画配景上翻新花样，我们的目标是建筑，这已经是一个很伟大的目标了，没有人会笑话我们一辈子只能画好几棵树还总是重复使用，只要我们对待建筑设计不这样就行。一般人面对的主要问题恰恰是几棵树、几个人、一部车都画不好，一辈子都画不好。

景物的时代性

有些景物是有时代性的，汽车在这方面表现得尤为明显。现在的汽车形象与上个世纪的汽车形象相比已经有了非常大的变化，虽然说主体结构受功能限制并无根本改观，但形象特征和风格则表现出明显的区别。上个世纪的汽车比较见棱见角，体块关系明确，现在的汽车则多曲线，形象柔和流畅。这种变化也会导致画法上的变化。比如过去的书在介绍汽车的画法时，常做体块儿分析，现在的汽车再用体块儿组合的画法，就会明显感觉到与时代的违和，觉得不是这个时代的东西。这种画法所塑造的场景也不容易体现出时代特征。

人物的着装也有这个方面的问题。不同时代的服饰风格是不同的，所画人物的着装特点也要与时代相符。一些过去出版得书，有画得非常好的各种配景人物，但从时代性的角度看，却是过时了，画得好也不能再用。

可见，对于这些有时代特征的景物，要不断更新形象、风格和画法，要跟上时代的步伐，要使所塑造的场景与时代同步和谐。

画人的要点

人是画起来难度非常大的建筑配景，也是最为必要、最为生动的建筑配景，它不但能塑造场景，而且能标示建筑尺度。画配景人应当遵循画建筑配景的一般原则，以营造场景、烘托建筑为目标。过于真实、过于招摇、抢过建筑风头的精彩并不是画人的高境界。

画人的要点：

以画正面和背面的人为主，容易些；

着重画简练抽象的人，不追求写实；

画熟几个典型动作的人，不必太多；

正面人不要画五官；

背影头部可略大，可表现发型；

头、脚要画得小而虚；

人的重心要稳；

画春秋季装束的人，好画且生动；

肢体裸露的人不好画；

人行走时异侧肢体摆向一致；

大体上手与大腿根齐，肘与腰齐；

走路时常两腿内收，站时常两腿分开。

画人一般先点下头部位置，再画肢体躯干，按从上到下的顺序画，也可以先画整体轮廓，再细分肢体和服饰，具体依个人能力和习惯而定。

画车的要点

有各式各样的车,因而就有各式各样的车的画法。对建筑师而言,除非个人爱好,掌握各种车的画法是没有必要的,也是相当困难的。与其学画各种车,不如能把一辆普通轿车画好更有价值。倘若能将一辆普通轿车的各个角度随手画出来,大体一生画草图就够用了。所以,后面着重剖析普通轿车的构造和画法,作为比较,往大延伸及 SUV,往小延伸及两厢轿车。为此,本书展示了普通汽车的多种透视角度和透视效果,不涉及公交车、面包车、大客车、大货车、救火车、摩托车、自行车等车型,与其样样通,不如一事精,何况能精于画好一辆车就够用了。

作为范本的三厢轿车选择上汽大众的帕萨特车型,两厢轿车选择一汽大众的高尔夫车型, SUV 选择上汽大众的途观 L。这几款车美观、简洁、典型、多见、易画,希望读者能通过这几款车了解普通轿车的一般样式和结构特点。汽车的每一部分都不是标准的,都是可长可短的,但一些关键部件的功能和位置又是相当稳定的,比如车灯、后备箱、车牌、后视镜都不可或缺,而且位置固定,变数很少,能明白它们何以如此的道理,画汽车就能做到心中有数了。比如,对于所有三厢轿车、两厢轿车、SUV 而言,前脸的保险杠都大体居中,车牌设置在保险杠中间的位置,几无变数;汽车后身,车牌要么设在后备箱盖上,要么设在保险杠位置,变数只有两种;车后身只设上面一组灯,下面就是保险杠,装饰灯可有可无,最多算两种变数。再深究一步,汽车前脸的保险杠有高度要求,所以上下大体居中,保险杠上下都要设通风格栅,所以车牌要设置在保险杠位置,以免遮挡通风格栅,有些大块格栅造型的汽车,其保险杠位置的格栅是假的实的,车牌还是要设置在这个位置,所以,样式可以变,功能关系不能变。知道了这些,知道了不变和可变的地方,真的就可以随意描绘汽车而不逾矩了。

画汽车一是为了表现场景的真实氛围,另一个就是和人一起发挥尺度作用,所以,汽车与人的尺度关系一定要大体协调。两厢轿车和普通轿车的高度大体一致,在 1.4 ~ 1.5 m 之间,比常人略低; SUV 比一般轿车要高,高度在 1.7 m 左右,大体与普通人的身高相当,底盘稍高。几类车的车长大体在 4 ~ 5 m 之间。两厢轿车与三厢轿车比不同在短, SUV 与三厢轿车比不同在高,SUV 与两厢车比其特点在大。

几款车的数据列表 mm

车型	长	宽	高	轴距
高尔夫 7(2016 款)	4 255	1 799	1 452	2 637
帕萨特(2015 款)	4 870	1 834	1 472	2 803
途观 L(2020 款)	4 712	1 839	1 673	2 791

汽车在不同距离和角度看透视效果是不同的,画的难度也不同。近

景汽车透视变形大，绘制难度也大。远景汽车的双向透视线都接近水平，车轮的透视变形也小，比较好画。近景汽车看不到另一侧车轮，汽车的透视画面不典型，图面效果也不太好。在 20 m 以外一般就能从底盘下的空隙看到汽车另一侧的轮子了，视线能够穿过整个汽车底盘，这时的汽车形象典型而好看。我们要全面观察一栋建筑，或者在纸上把一栋建筑用两点透视画全，人的视点位置距离建筑大体要在 50 m 开外，作为建筑附近的配景汽车大体也属于这个距离的情况，看到的是汽车的远景，所以在建筑旁边画远景汽车会非常和谐自然。鉴于这种情况，我们一般练远景三厢轿车即可，好画，效果也好，还符合多数建筑场景的需要；没有必要特别费劲地画近景车，透视不好掌握，用得也少，画得细致还容易喧宾夺主。

练习画汽车要达到的目标不是会画各种车，而是能快速准确地默画符合各种画面透视关系的一款轿车，不能到轻松默画的程度，就不能在绘制草图的时候信手拈来，就是不会画汽车，而一旦达到这个目标，就可以触类旁通，画各种汽车就像捅破窗户纸一样容易了。只有能够默画的配景才是能在草图中用的配景。

应当认真了解汽车的结构知识，认识那些关键部件和它们的功能，了解了这些，就明白哪些是不变的东西，哪些是有灵活性的方面，要懂汽车，懂了，画起来就容易，就可以随意发挥了。

画树的要点

树有多种，画树的方法也无法统一。作为建筑配景的树，首先应当是简洁精炼的、健康的、容易画的。不提倡树的深度素描画法，不提倡有沧桑感的树的画法。许多简笔画树的方法，近于将树形几何化、概念化，在草图中反而能够比较好地陪衬建筑塑造环境。

树在不同季节也有区别，秋冬季的树主要表现枝干形态，稀疏地点几片叶子即可；春夏季节的树，枝叶繁茂，要通过光影调子表现树的立体感。对于枝叶繁茂的树，画调子的线条要模仿树的轮廓形态和树叶形态，这样做能表现出更多的树种信息。树的快速画法并不要求准确表现出它是什么树，但在不影响效率的前提下尽量尊重树种信息应当是一个基本原则。一般用模拟树叶形态的线条绘制树冠轮廓和明暗交界线，亮面要留出来，只在灰面和暗面处着笔，每一笔都要兼顾形与调子两方面的关系。树的形象是由素描关系、遮挡关系、结构关系这几个方面的信息综合体现的。许多笔墨往往同时体现着这三个方面的信息。这也是每一笔的位置、笔法和浓淡处理的依据。

画树宜从上往下画，先画树冠或树冠的下轮廓，然后从树冠下画细枝，接着画粗枝和树干，粗枝细枝再上下反复着画，从细枝往主干画比较容易控制。枝干层级不宜过多，三级左右即可，分级太多既不容易画，也不符合实际情况。另外，从远处能看到的枝干层级是很少的，多不过三级，在近处仰视，能看到的枝干层级要多些，也不宜表现得太复杂，适可而止，符合实际就行。画树，近景画叶，中景画形，远树只需略分前后。

在画树的时候尤其需要了解一些格式塔心理学的知识，努力做到用最少的笔墨传神地塑造场景，在快速表现时，不宜过于细致地描画。

天空

天空也是建筑表现的一项重要内容，其主要作用是营造环境气氛，使之与建筑的主题相谐调。在实际写生中有时也需要表现天气状况，因为一些场景或氛围如果天空的表现缺席的话，就会感觉像说话没有铺垫一样。

天空有形的内容主要是云。天空的表现从某种角度而言也可以说是云的表现。建筑画常常用云来表现环境气氛。画云有具象和抽象两种，具象就是相对真实地描绘云的形态和光影关系，抽象就是用不那么拟形的线条表现某种天气状况和氛围。线条柔和表现天高云淡的效果，线条乱怒表现乌云滚滚的天气，但形上都不必特别像云。这两种方式都可以用在写生和建筑画中。

天空中除了云就是鸟了。有时建筑画上随意点几只飞鸟，能够使画面变得非常有生气。鸟不要画得太多太大，多则五六只，形以相对抽象为宜。

其他

当然，建筑画上还可能有各种各样的景物，如山、水、石、动物、气球、帆船等。可根据自己的兴趣和这些景物出现概率的大小略做练习。而素描能力通常是一种以不变应万变的策略，素描能力强，某些方面即使不做专门训练也能很快上手。比如画石头，如果画素描的能力很强，即使练习很少，画起来也不是什么大问题。对于有些特殊需要的景物，在需要的时候做做练习即可，不必什么都会画。对于建筑师而言，能画好人、车、树这几项，大体即可应付专业之需要了。

简笔草木

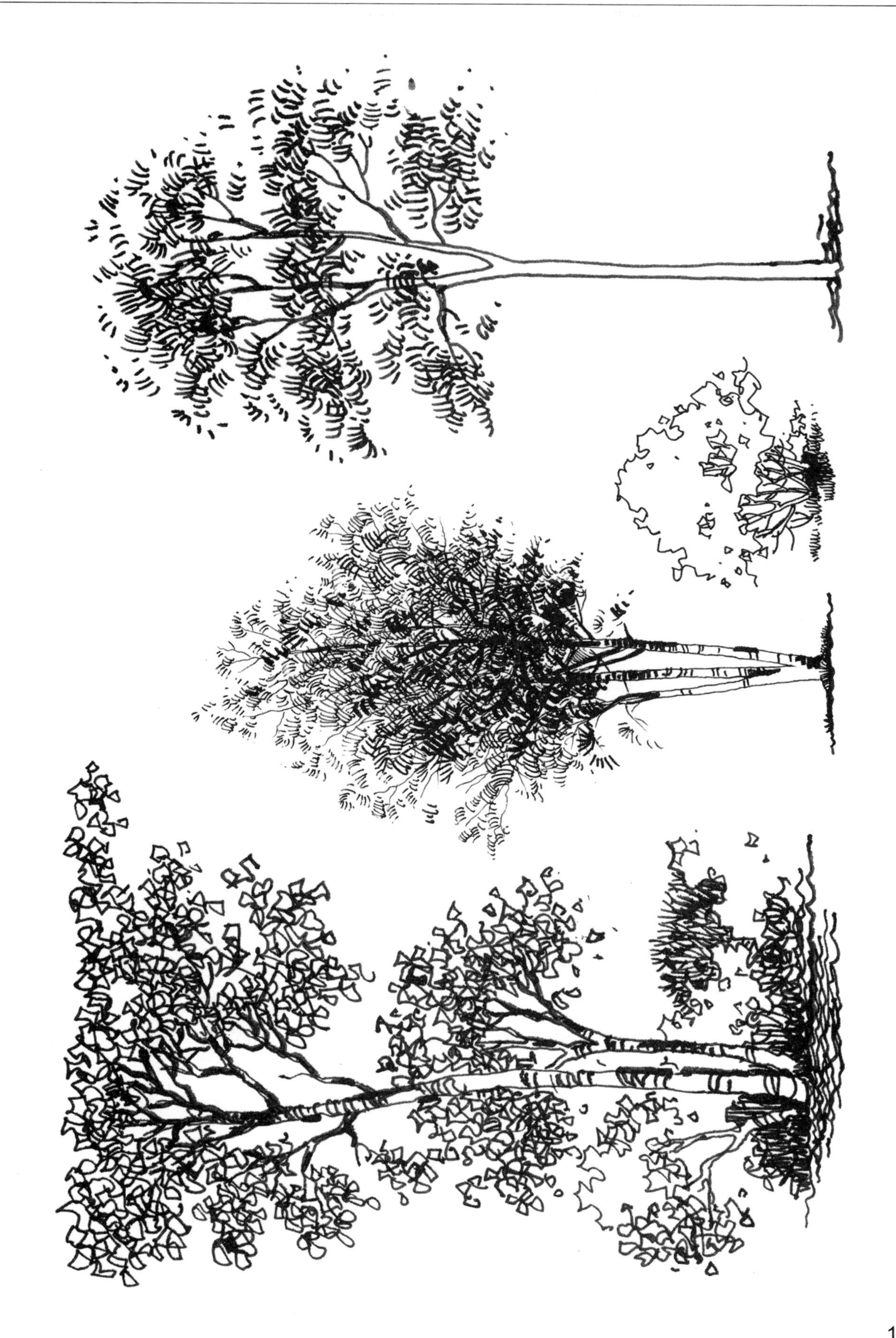

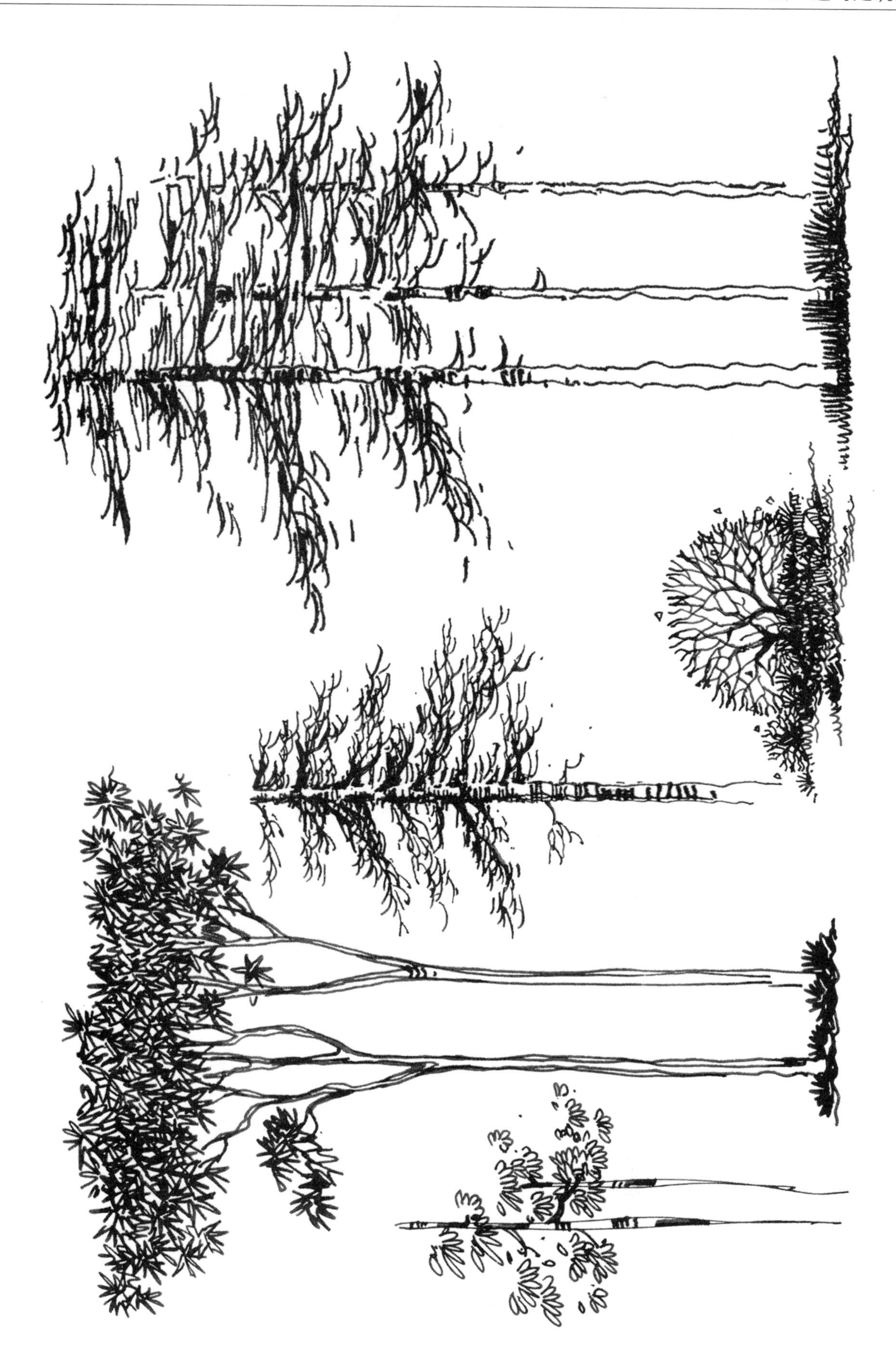

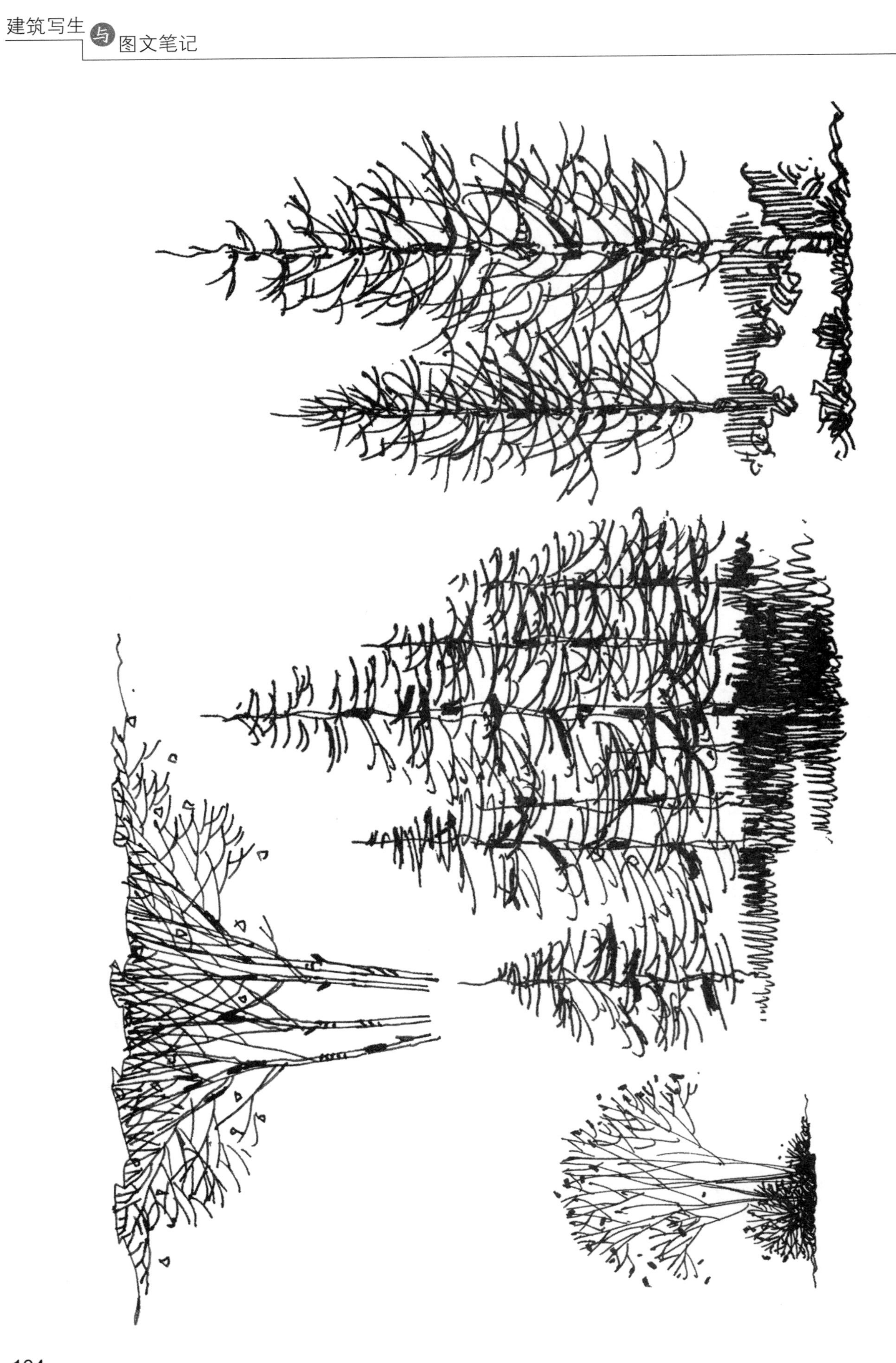

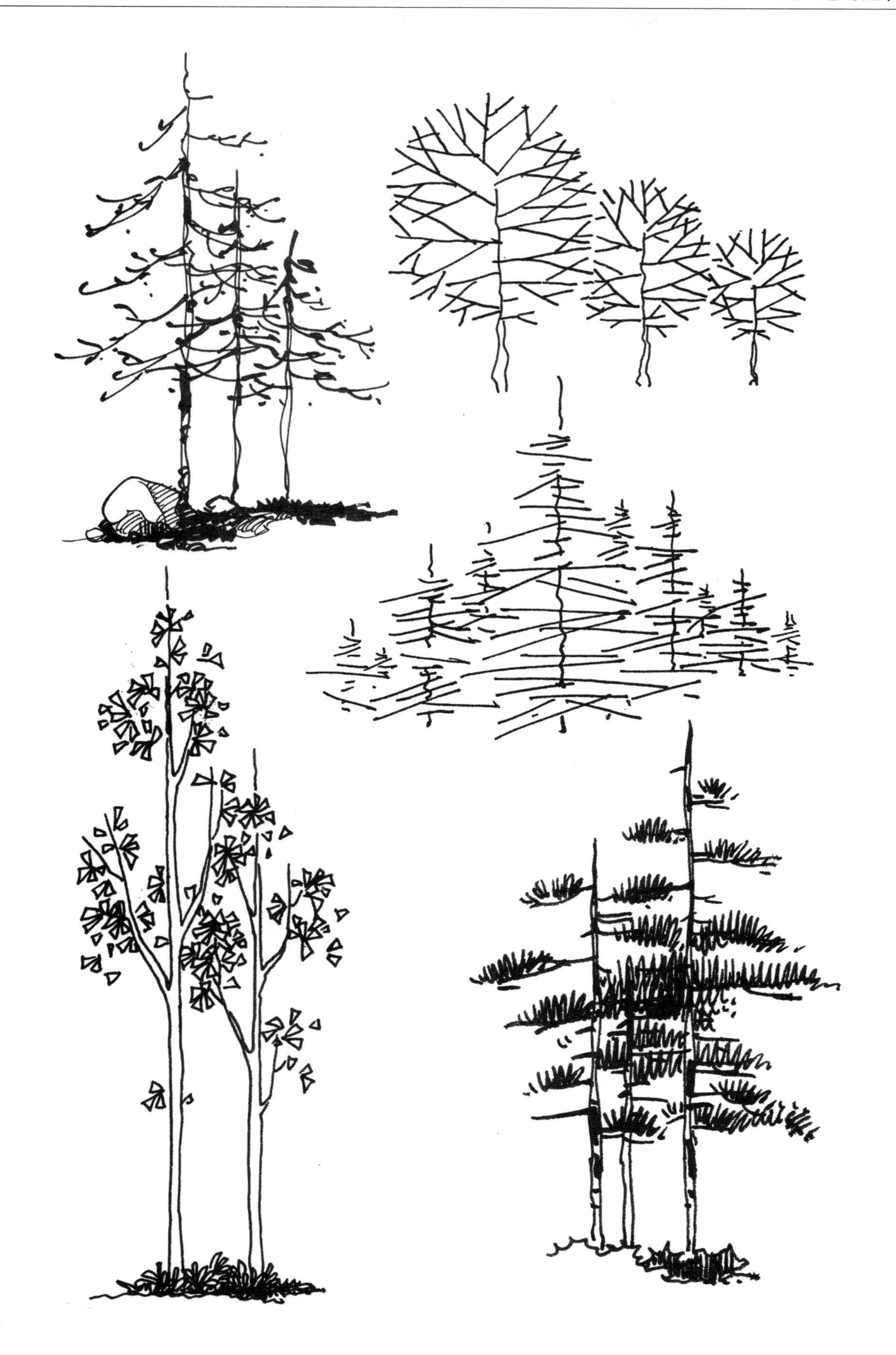

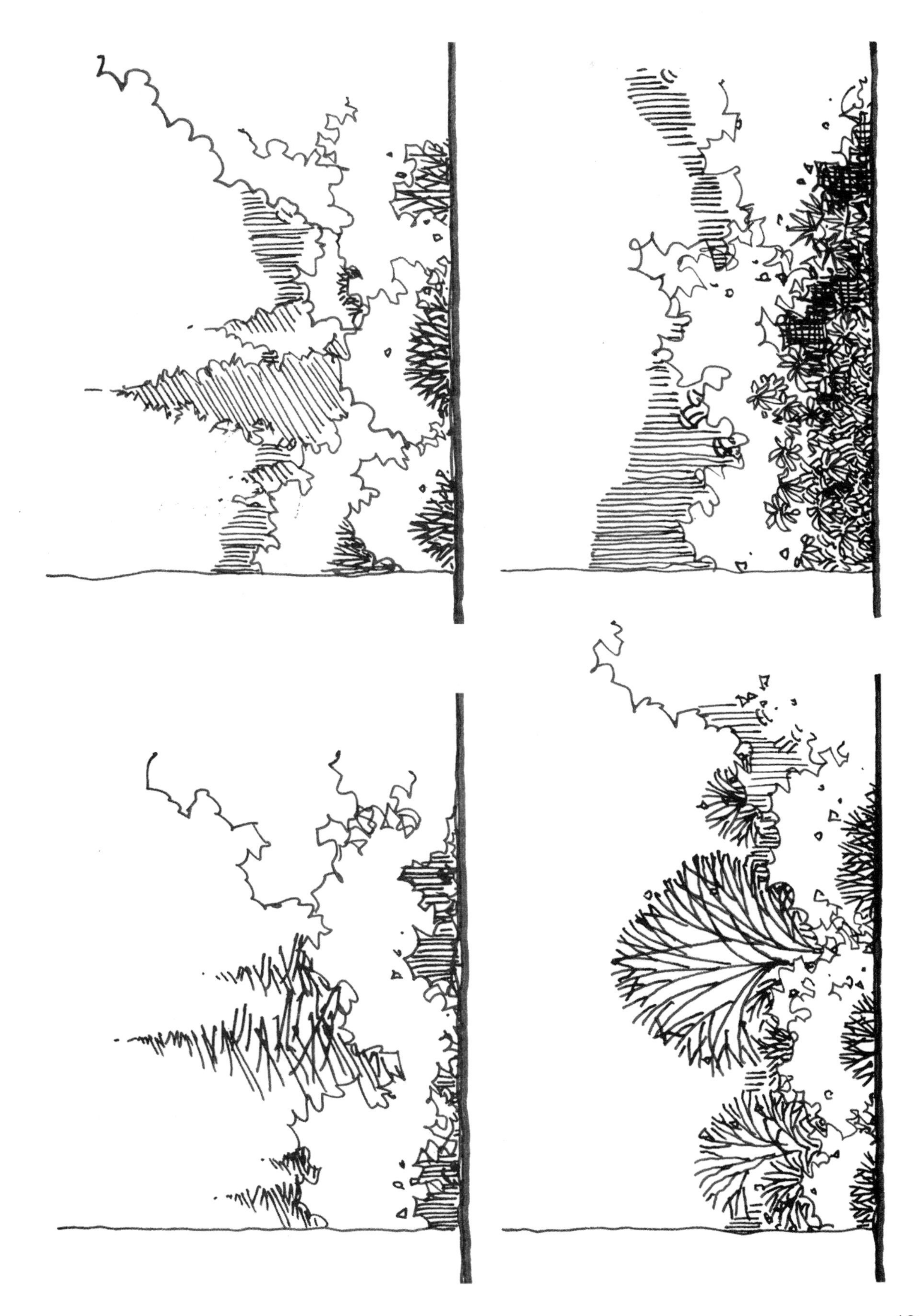

简笔人物

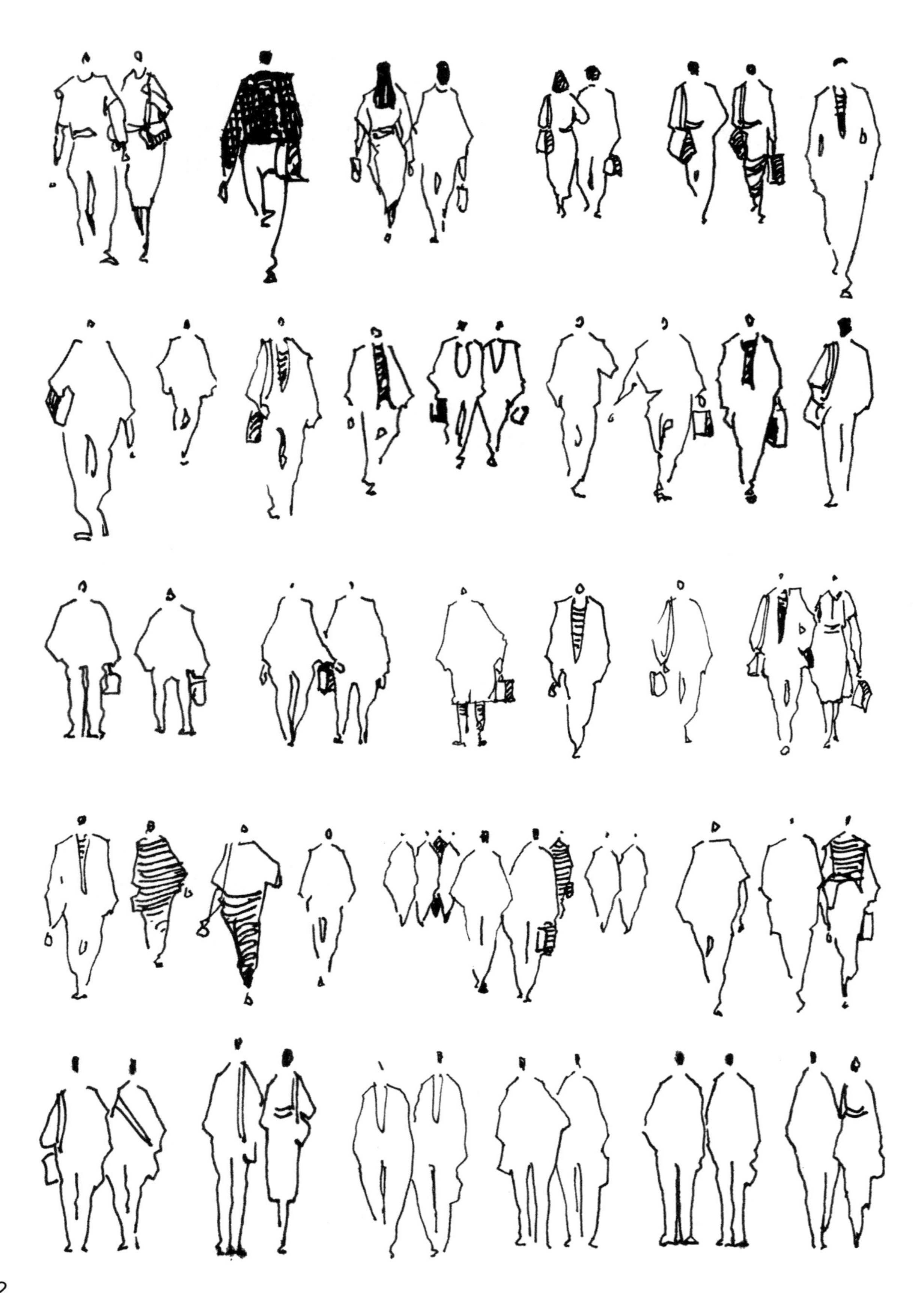

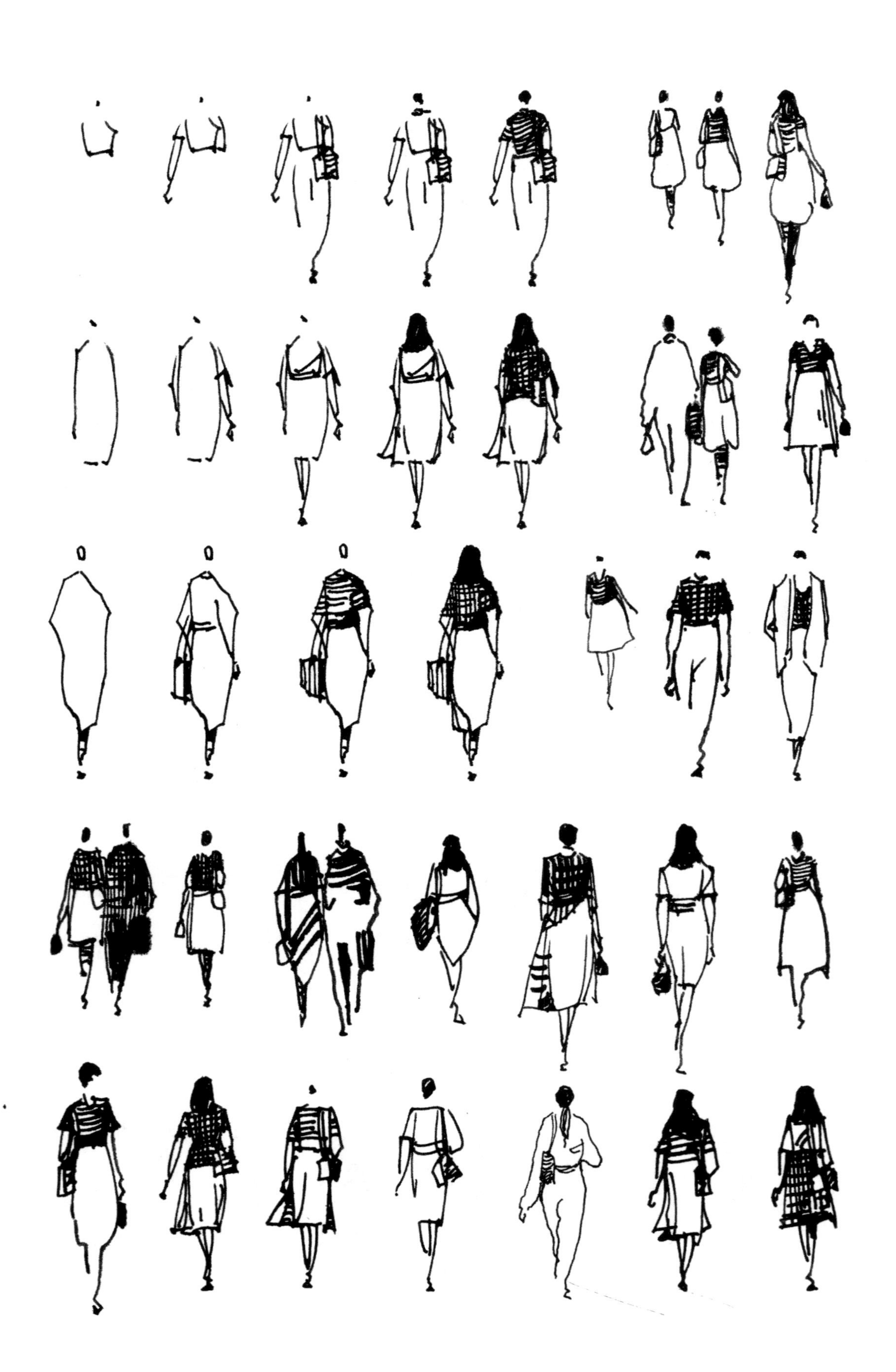

简笔人物画法

人物动作实景：

后面看的动作：

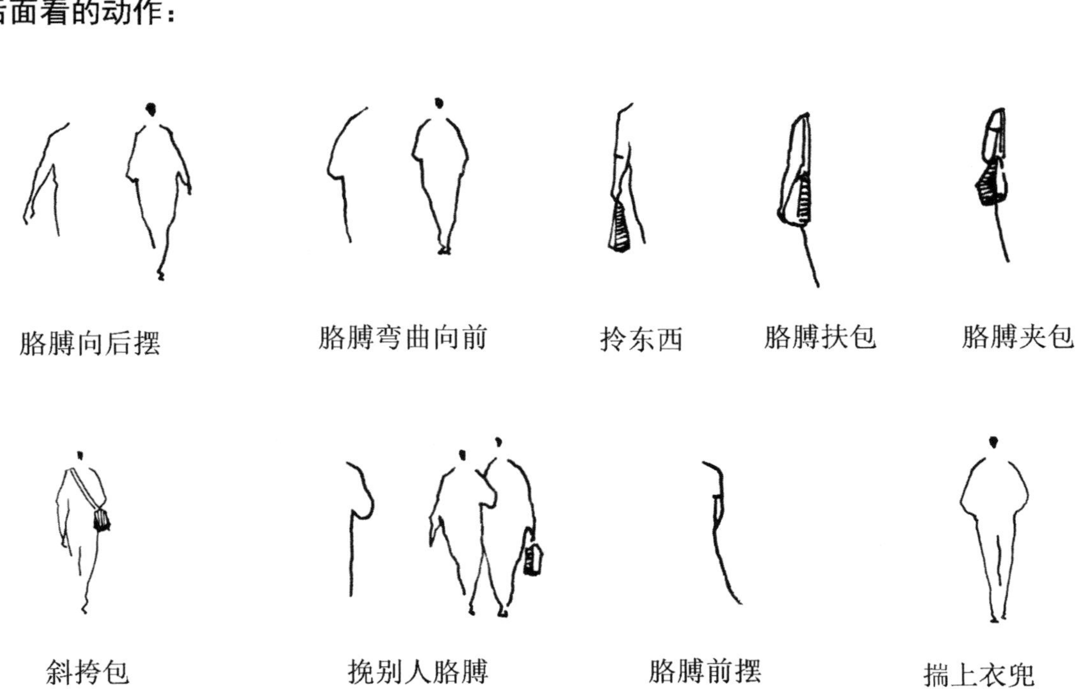

胳膊向后摆　胳膊弯曲向前　拎东西　胳膊扶包　胳膊夹包

斜挎包　挽别人胳膊　胳膊前摆　揣上衣兜

前面看的动作：

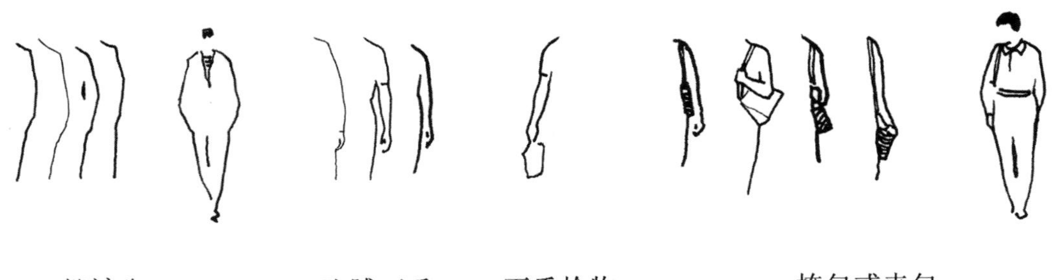

揣裤兜　胳膊下垂　下垂拎物　挎包或夹包

轿车外观的认知

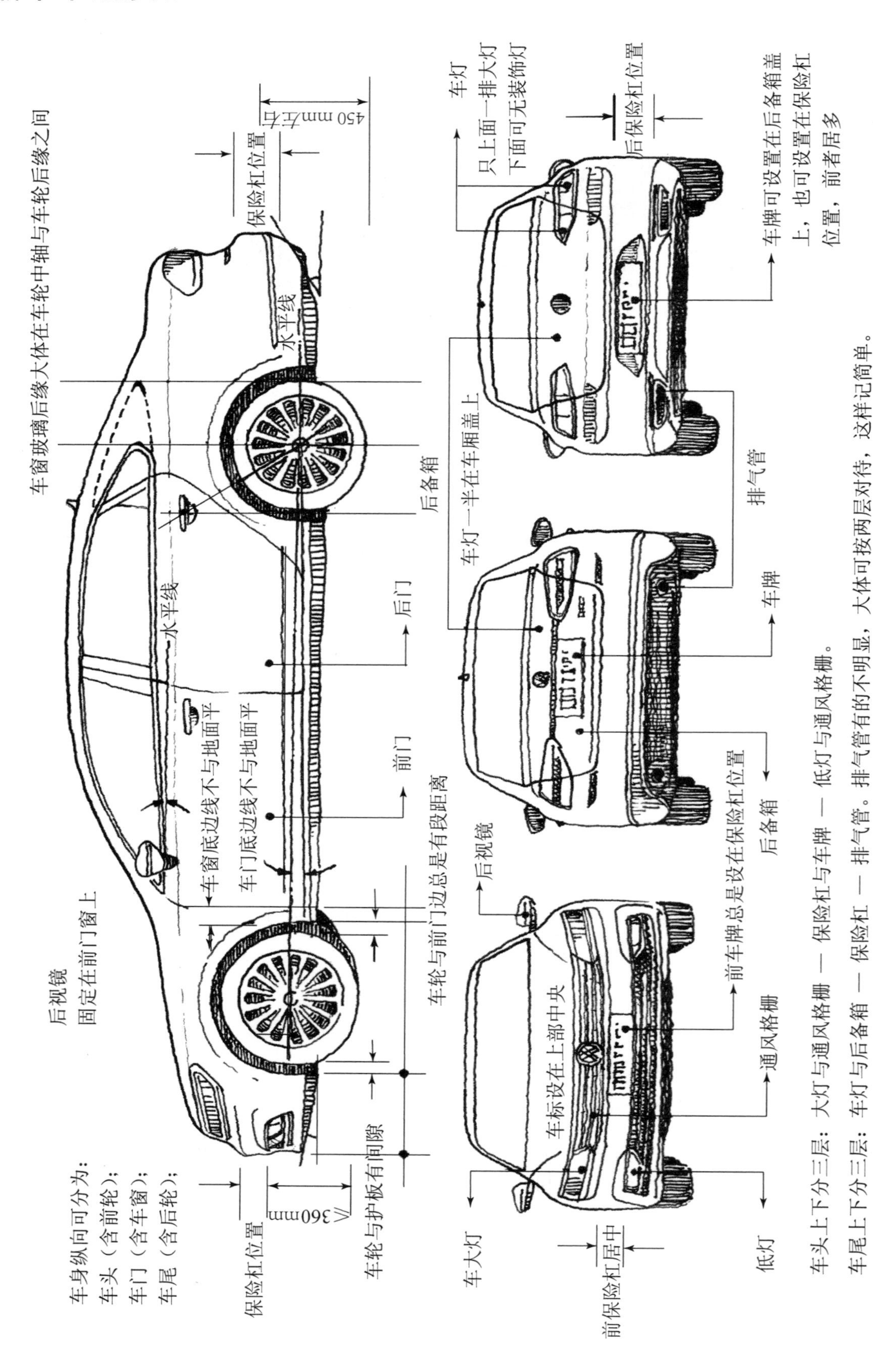
车窗玻璃后缘大体在车轮中轴与车轮后缘之间
450 mm左右
保险杠位置
水平线
后备箱
水平线
后门
前门
车窗底边线不与地面平
车门底边线不与地面平
车轮与前门边总是有段距离
后视镜
固定在前门窗上
车轮与护板有间隙
≥360mm
保险杠位置
车身纵向可分为：
车头（含前轮）；
车门（含车窗）；
车尾（含后轮）；
车灯
只上面一排大灯
下面可无装饰灯
后保险杠位置
车牌可设置在后备箱盖上，也可设置在保险杠位置，前者居多
车灯一半在车厢盖上
排气管
车牌
后备箱
前车牌总是设在保险杠位置
后视镜
车标设在上部中央
通风格栅
车大灯
前保险杠居中
低灯
车头上下分三层：大灯与通风格栅 — 保险杠与车牌 — 低灯与通风格栅。
车尾上下分三层：车灯与后备箱 — 保险杠 — 排气管。排气管有的不明显，大体可按两层对待，这样记简单。

帕萨特汽车外观图

途观 L 和高尔夫汽车

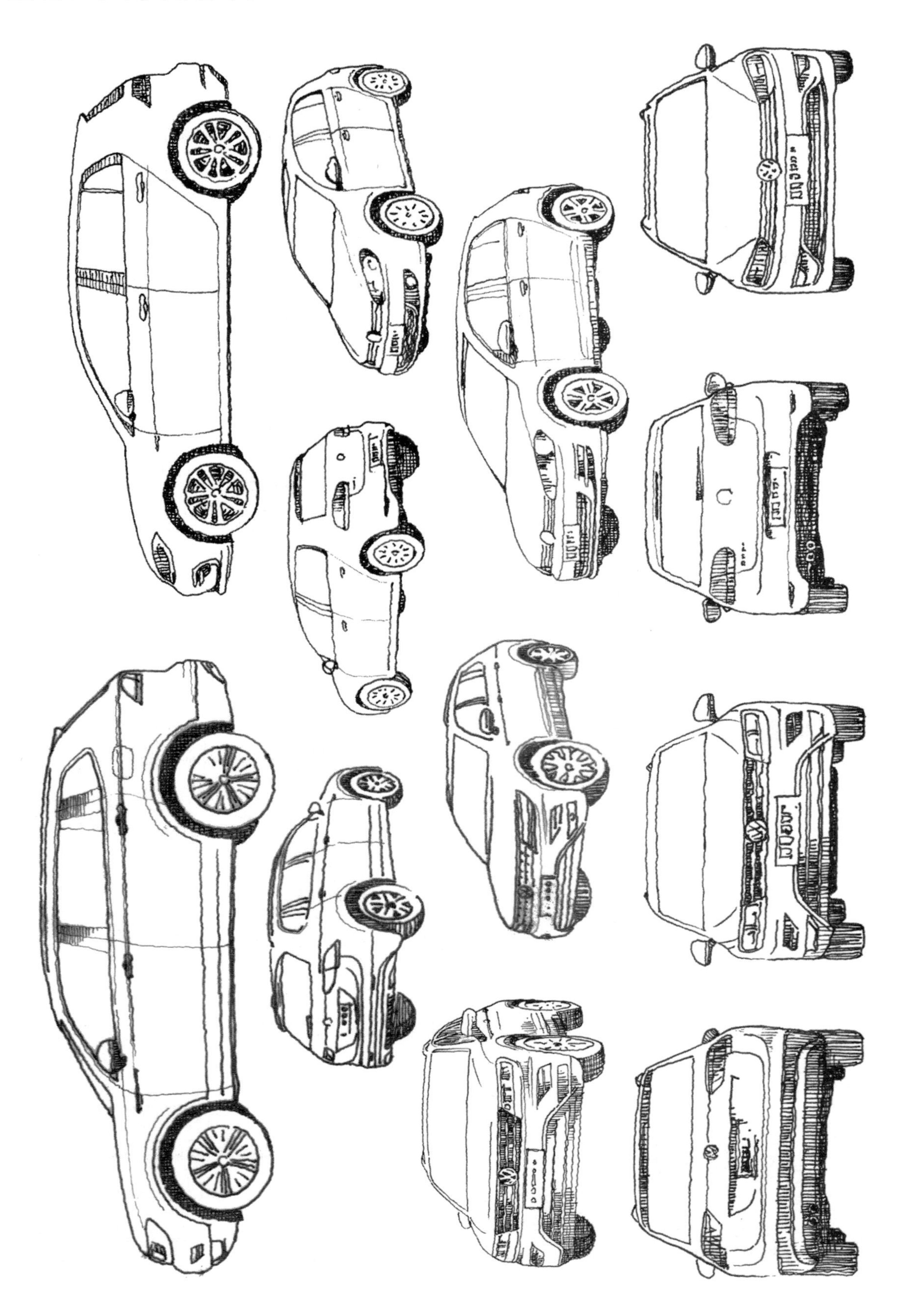

汽车多角度外观

连续行驶汽车的透视变化

简笔画车(默画汽车过程图)

汽车绘制并没有标准过程,每个人应根据自己的习惯和控制力找到能够快速表现汽车的方法。手绘汽车很难处处准确,但大关系看起来要舒服。

默画汽车

铅笔画树

叁

韩宗良建筑写生作品

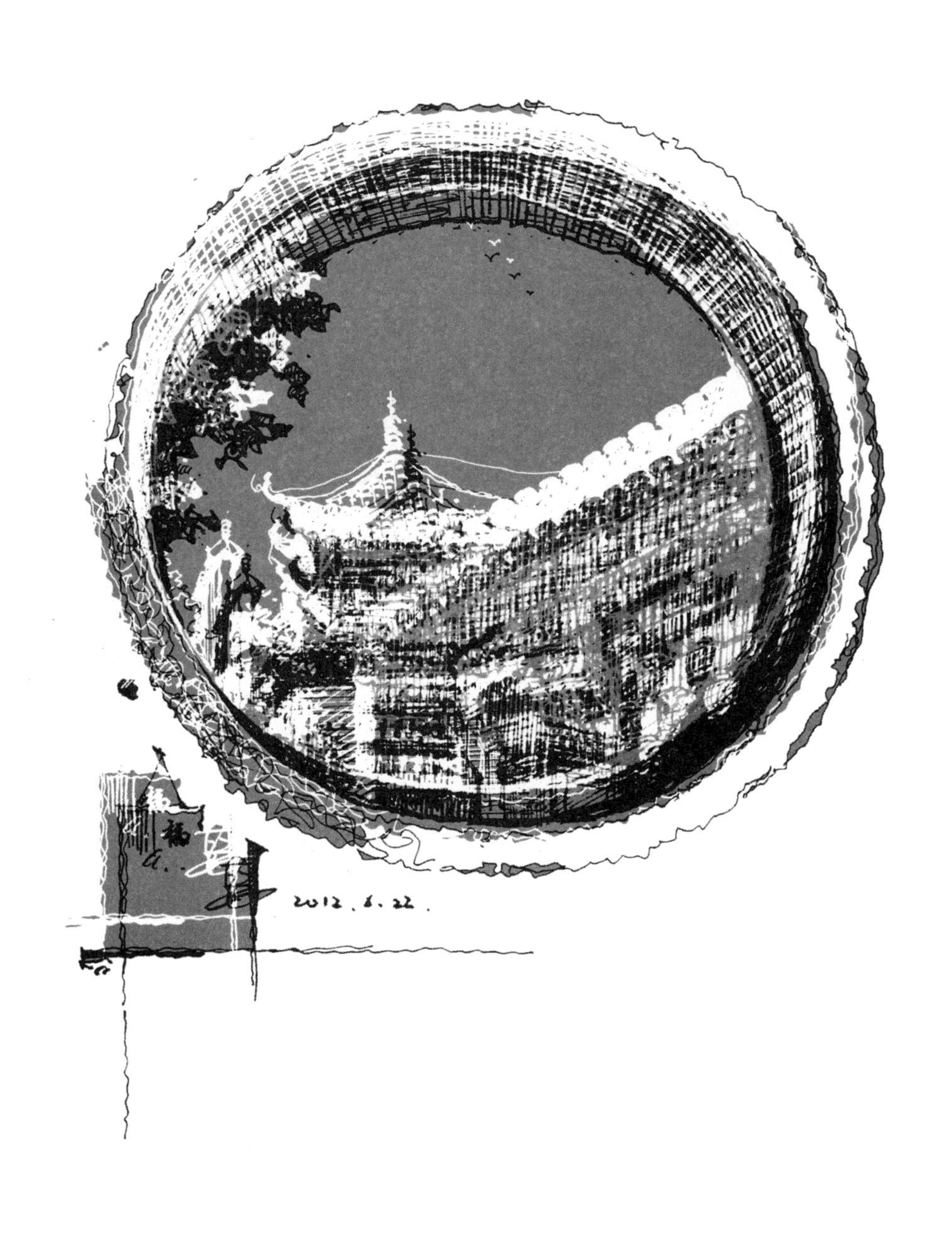

2002. 7. 23

韩 2002年7.26于大连

2009.6.28

2009.6.28

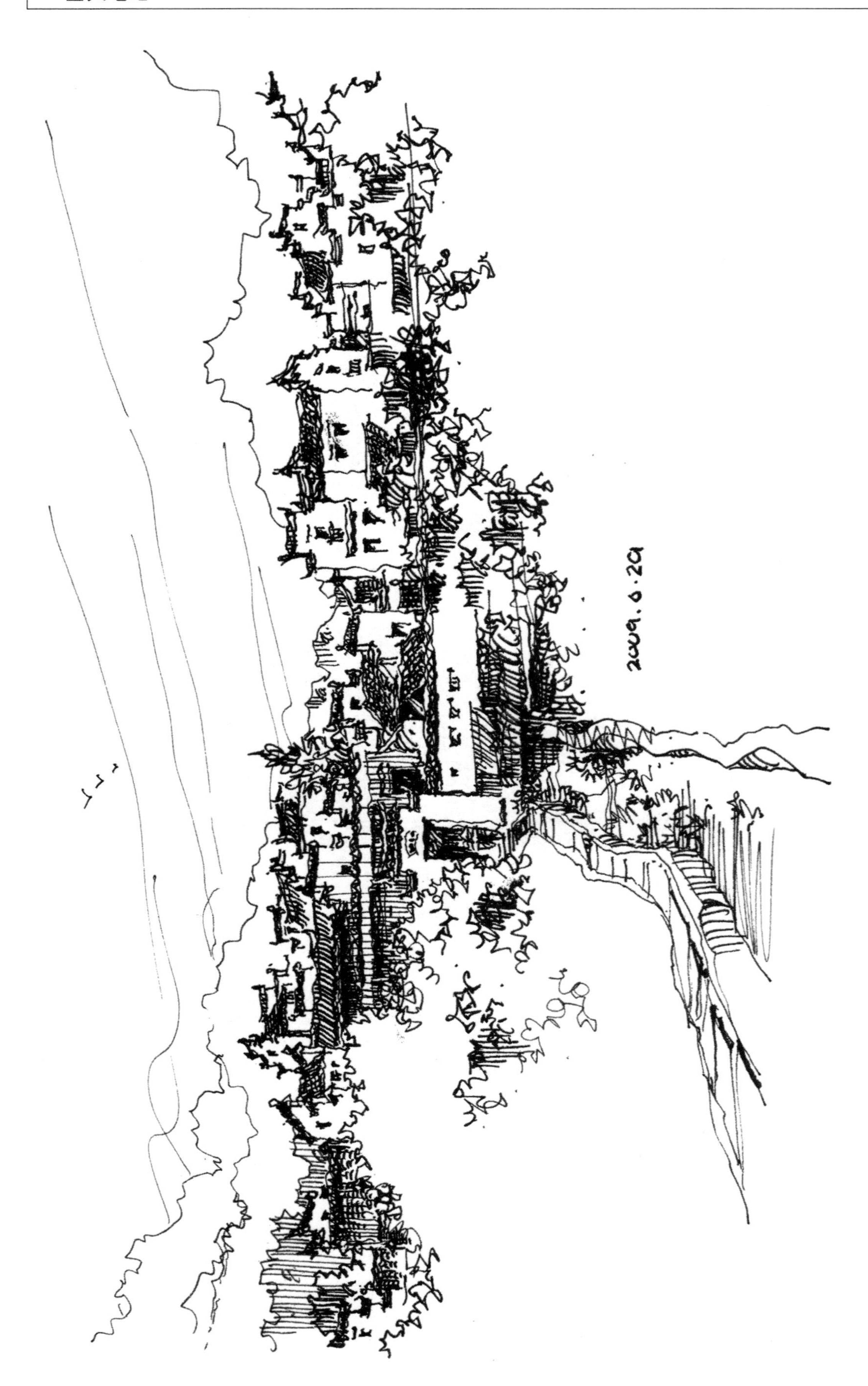
2009.6.29

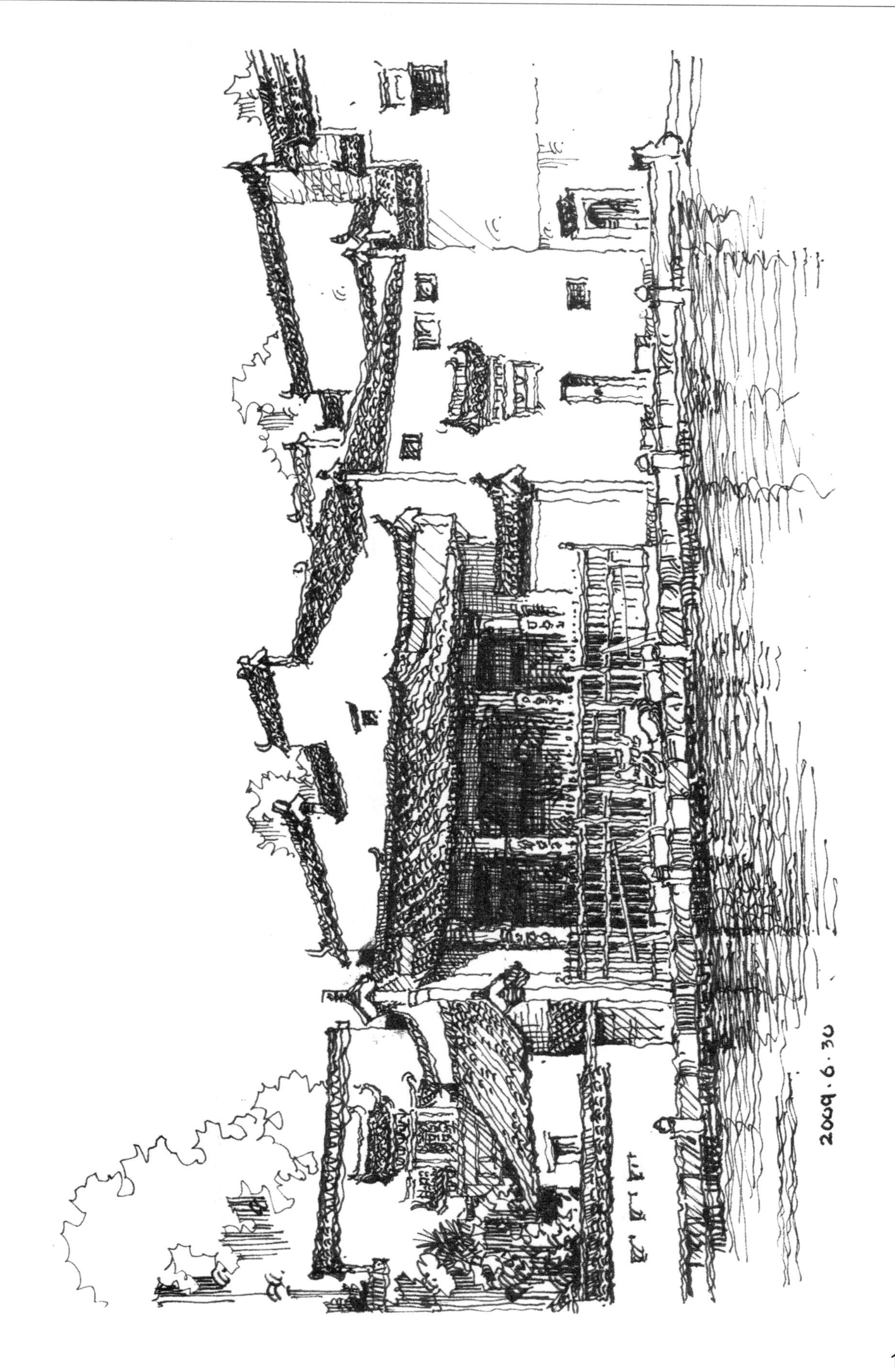
2009.6.30

2009.6.30

2009.7.01

2009.7.2

2012.6.21

2012.6.21

2012.6.21

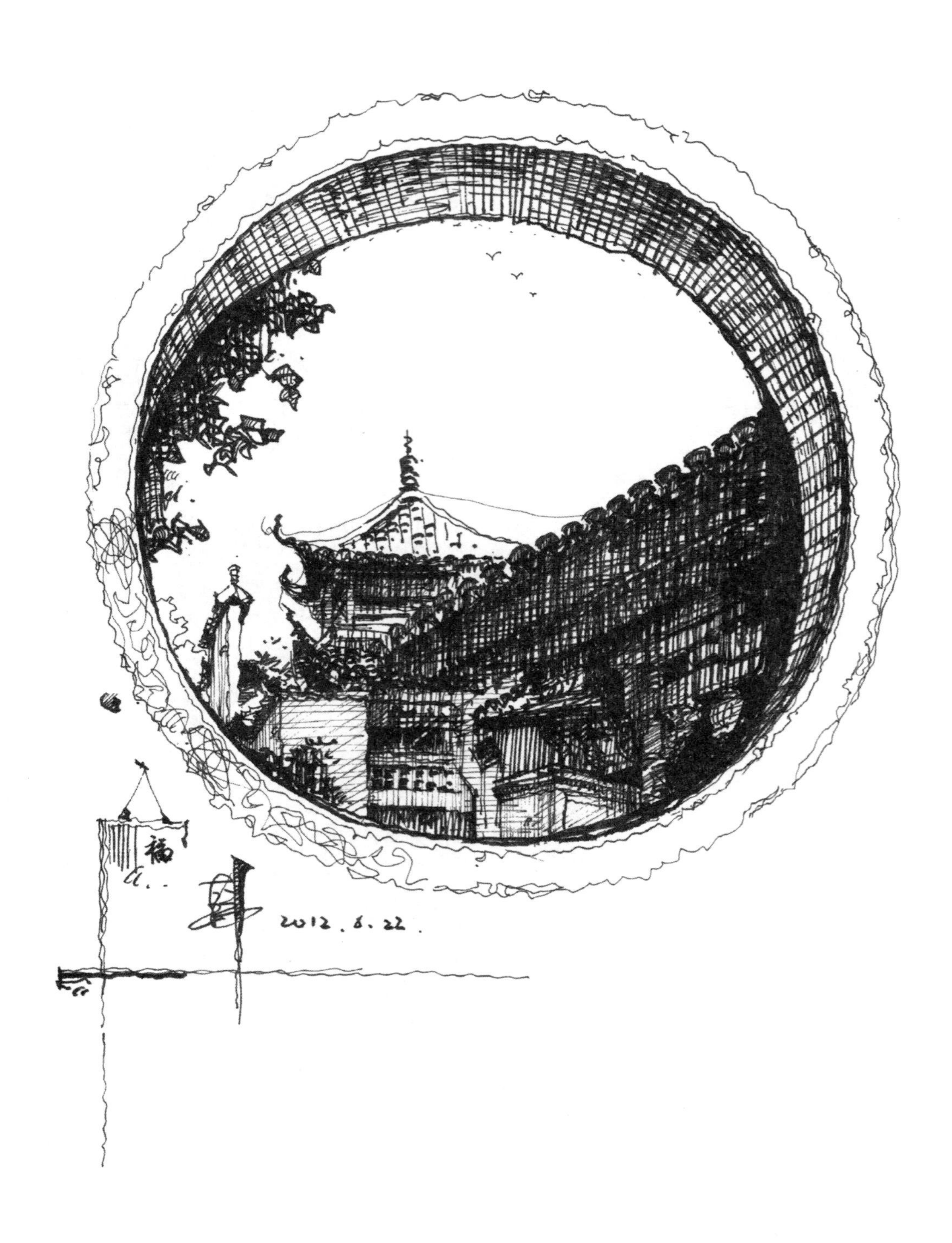
福
2012.8.22.

2012.6.23

2012.6.24

2012.6.24

2012.6.24

2012.6.25.

2012. 6. 28

2014.6.19

2014.6.20

2014. 6. 21

韩 2014·6·22

2014·6·22

2014.6.23

2014.6.24 于宏村

2015·7·5

2015.7.5

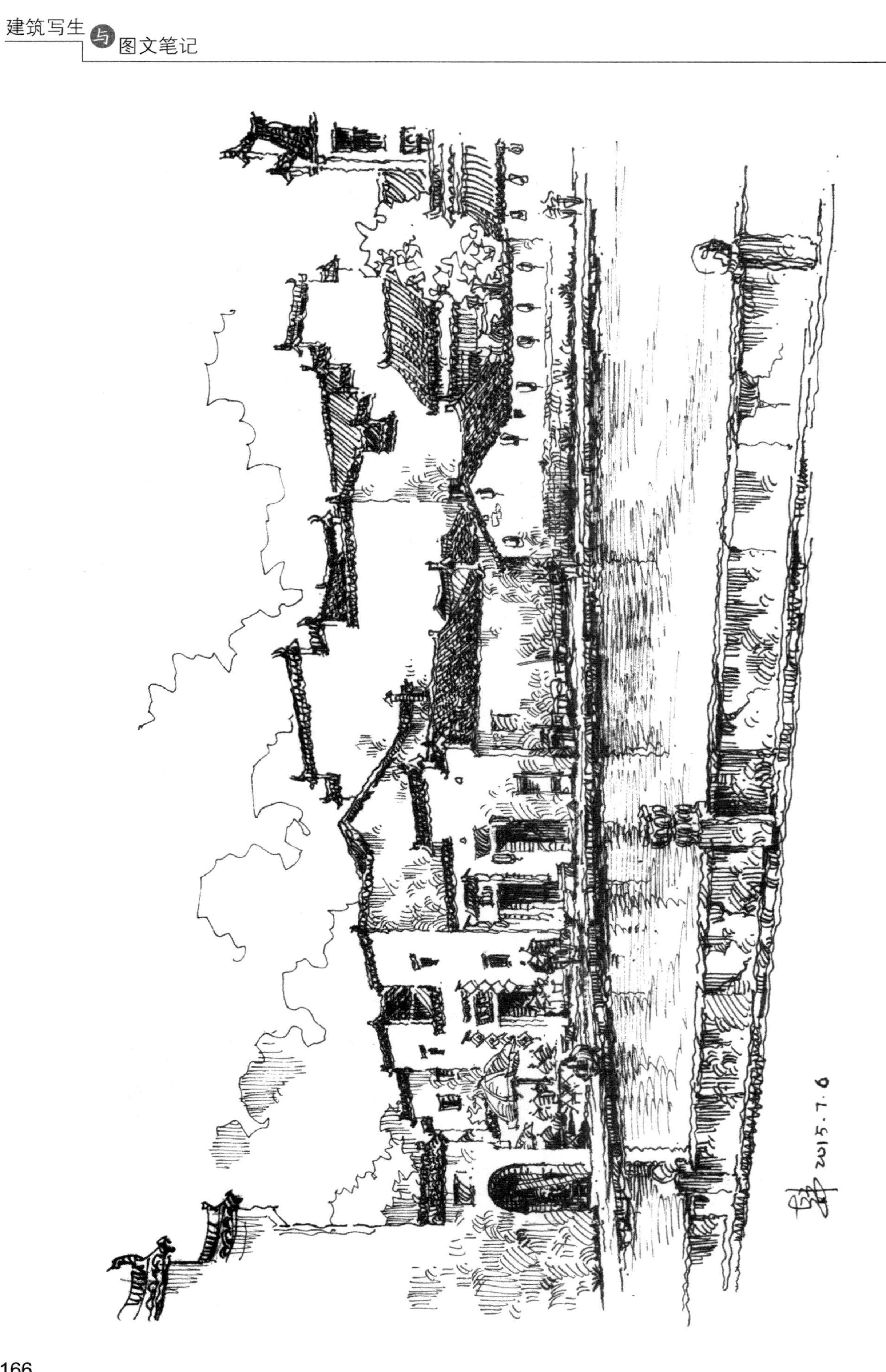
2015.7.6

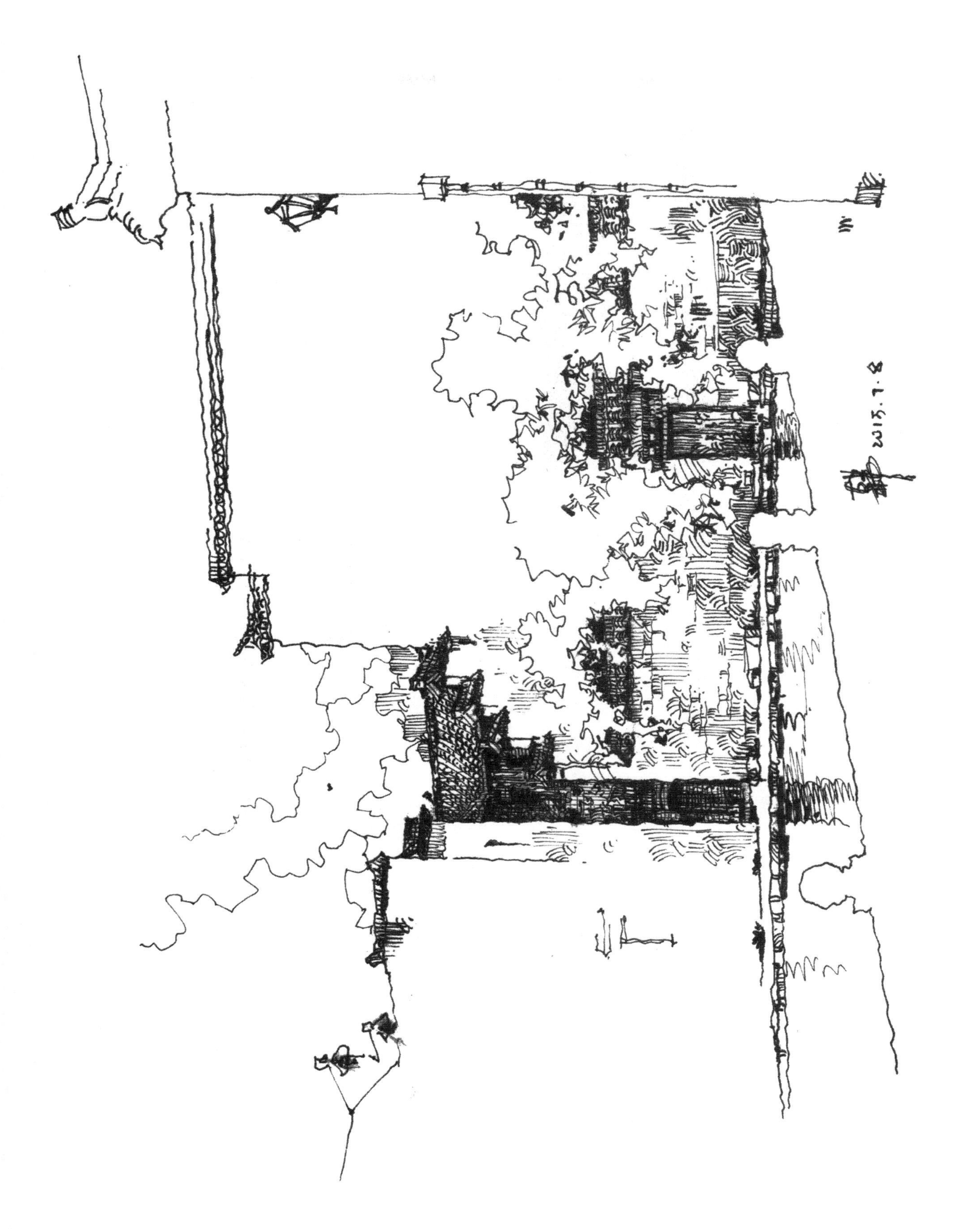
2015.7.8

2015.7.9.

韩 2015.7.11.

2015.7.12

2015.7.12

韩
2016.7.6 于灵隐禅寺

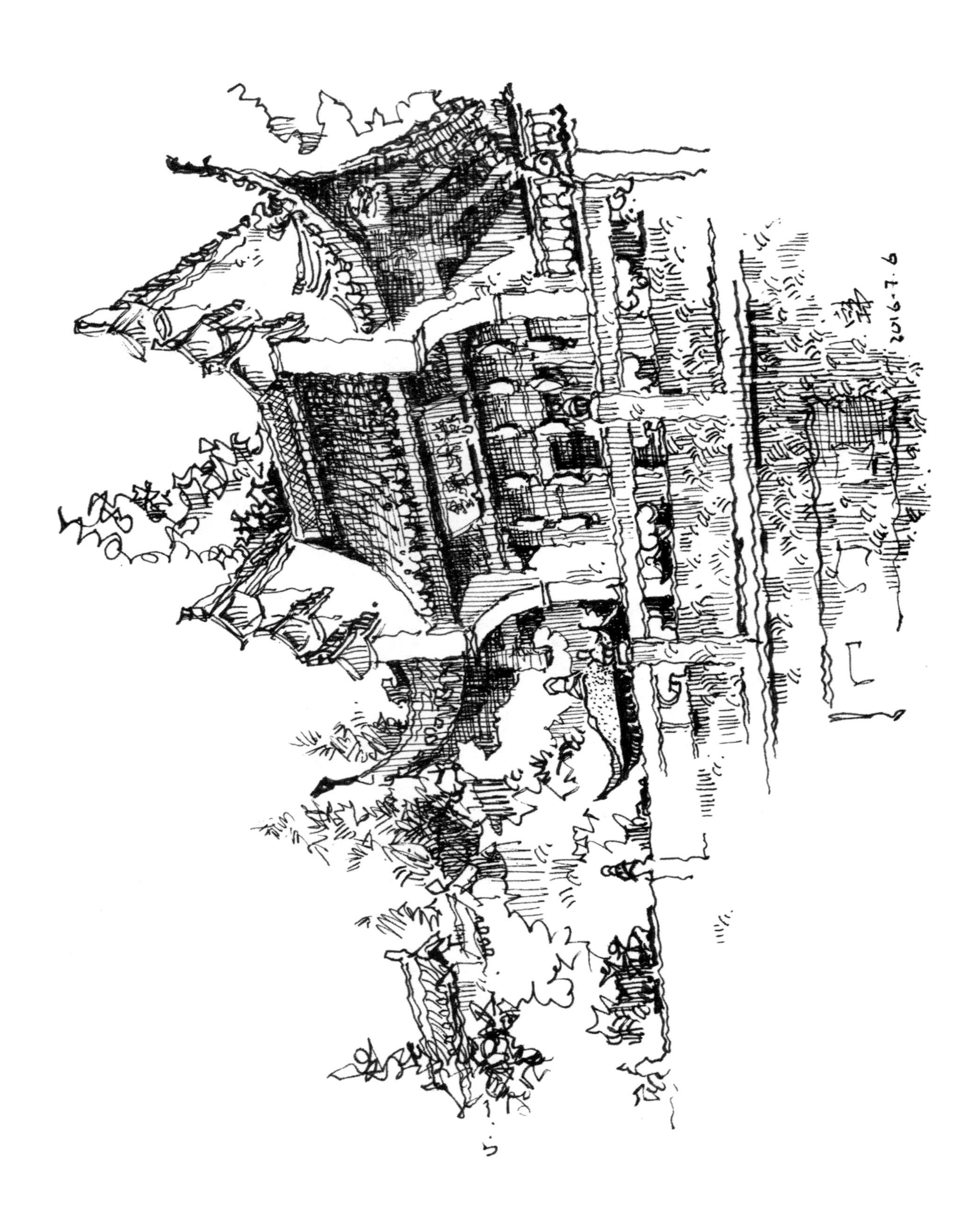

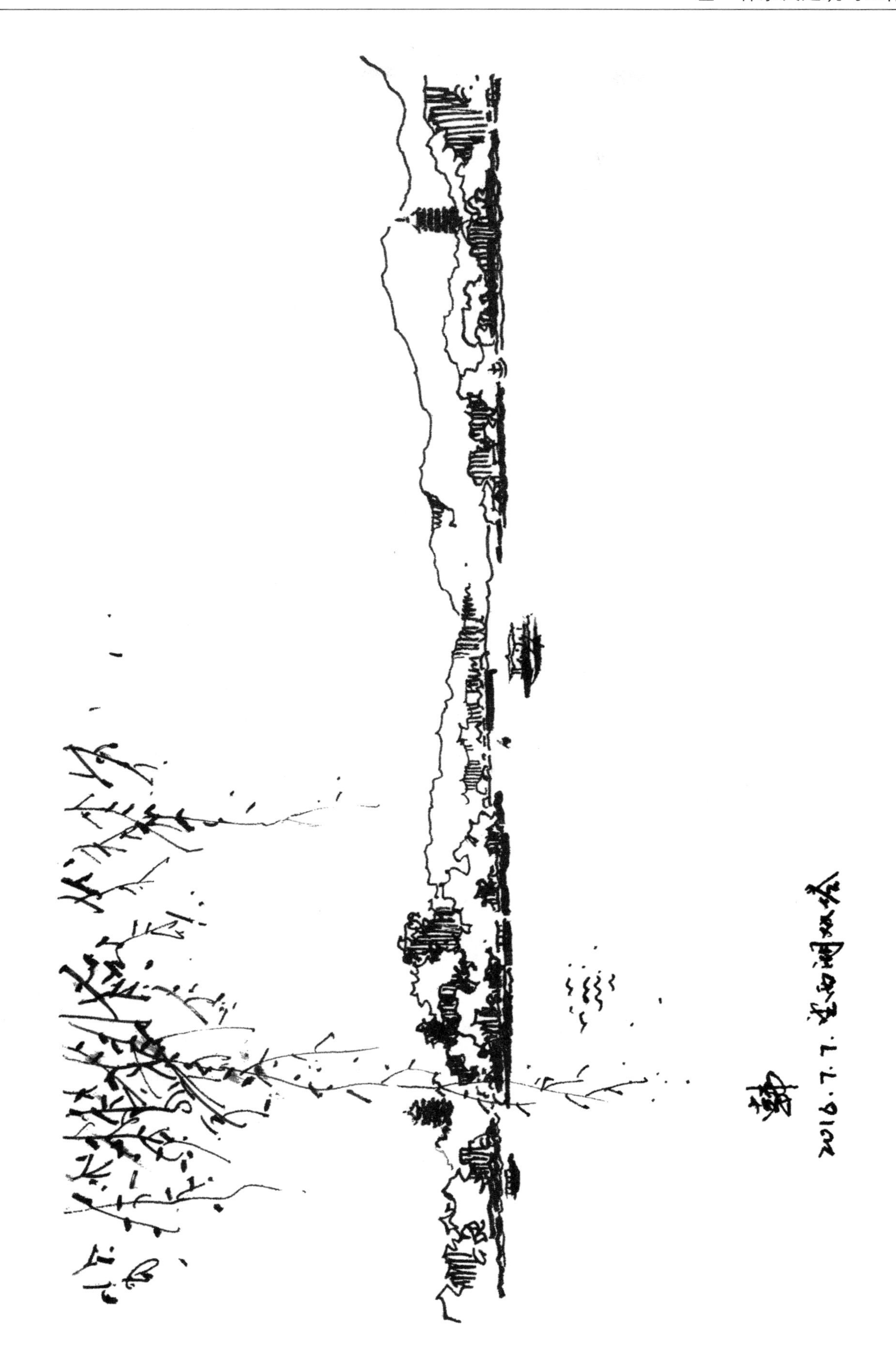

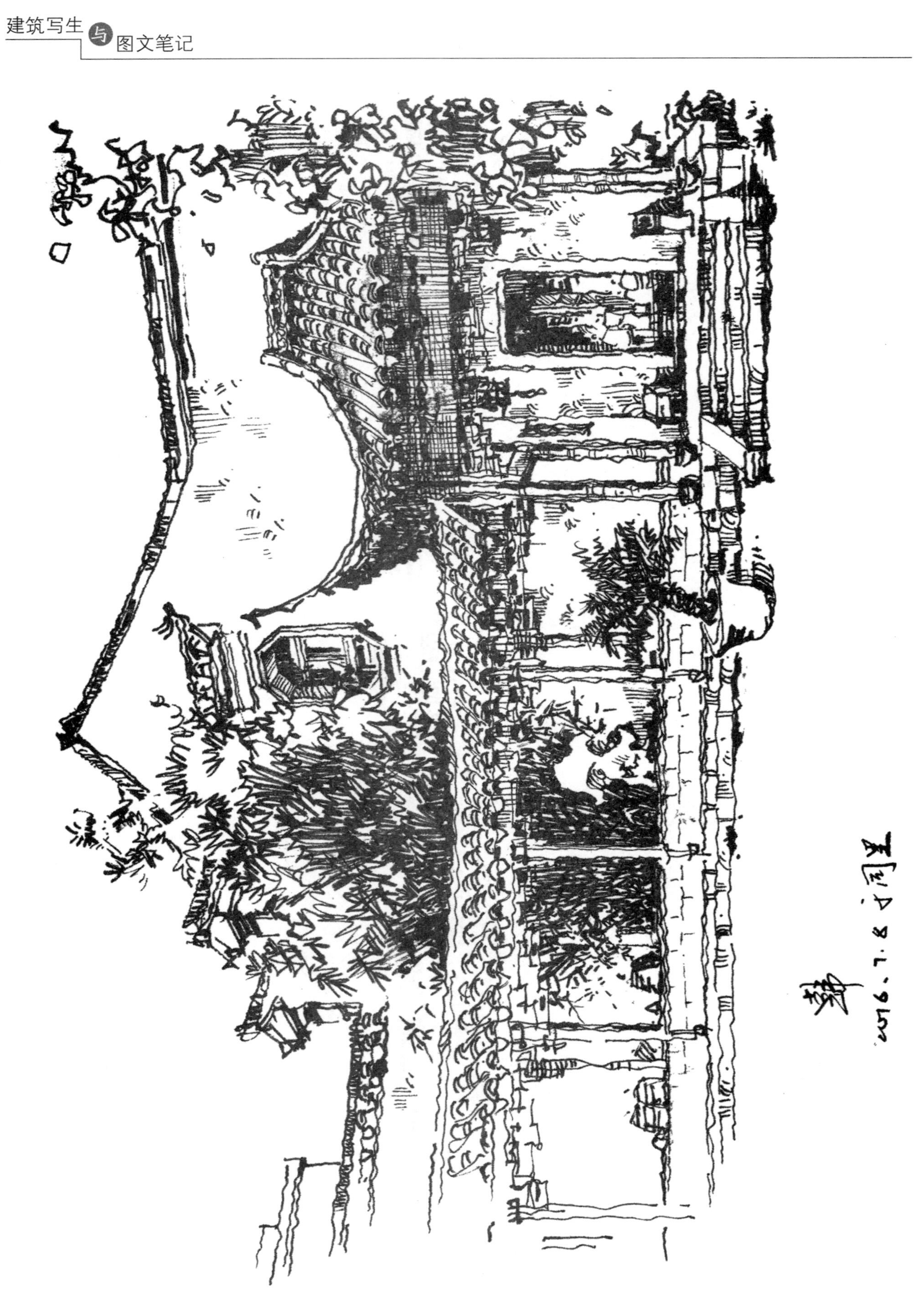

2016.7.10 于上海浦东

2017.6.26

2016.6.27.

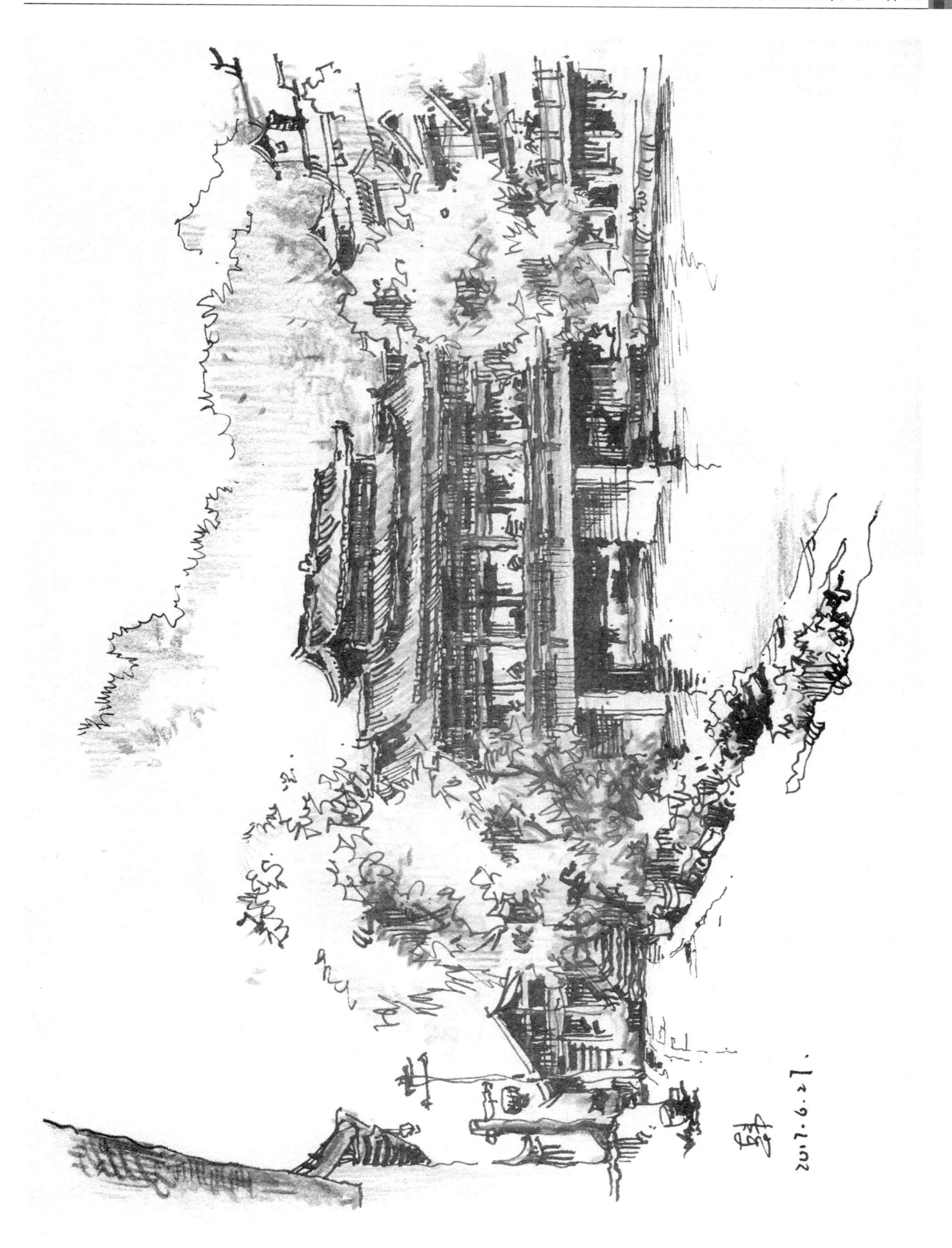
2017.6.27.

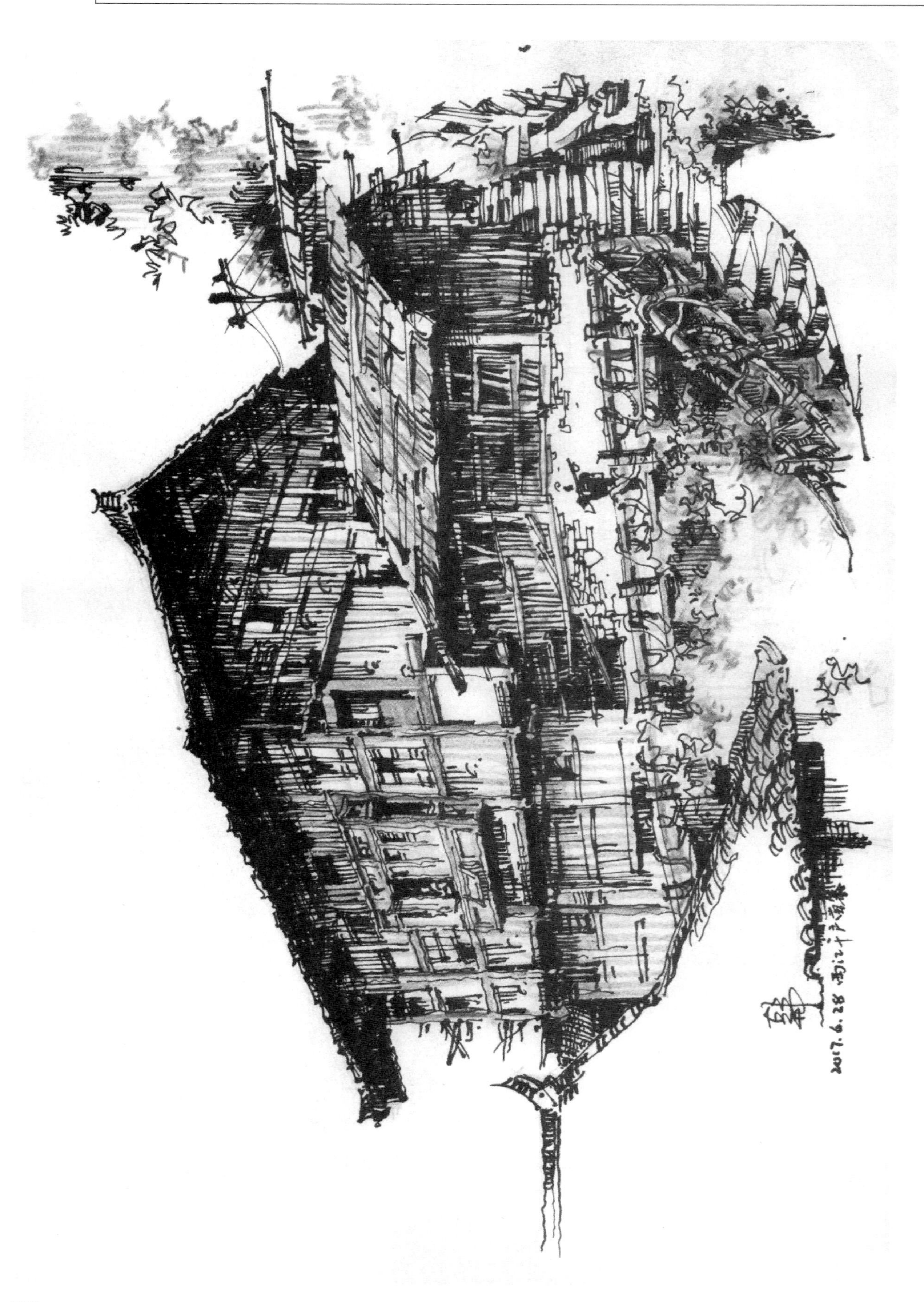

韩
2017.6.28 西江千户苗寨

韩
2017.7.1.于下司古镇

2018.2.21 于阆中汉桓侯祠

德配天地
2018.8.21于阆中

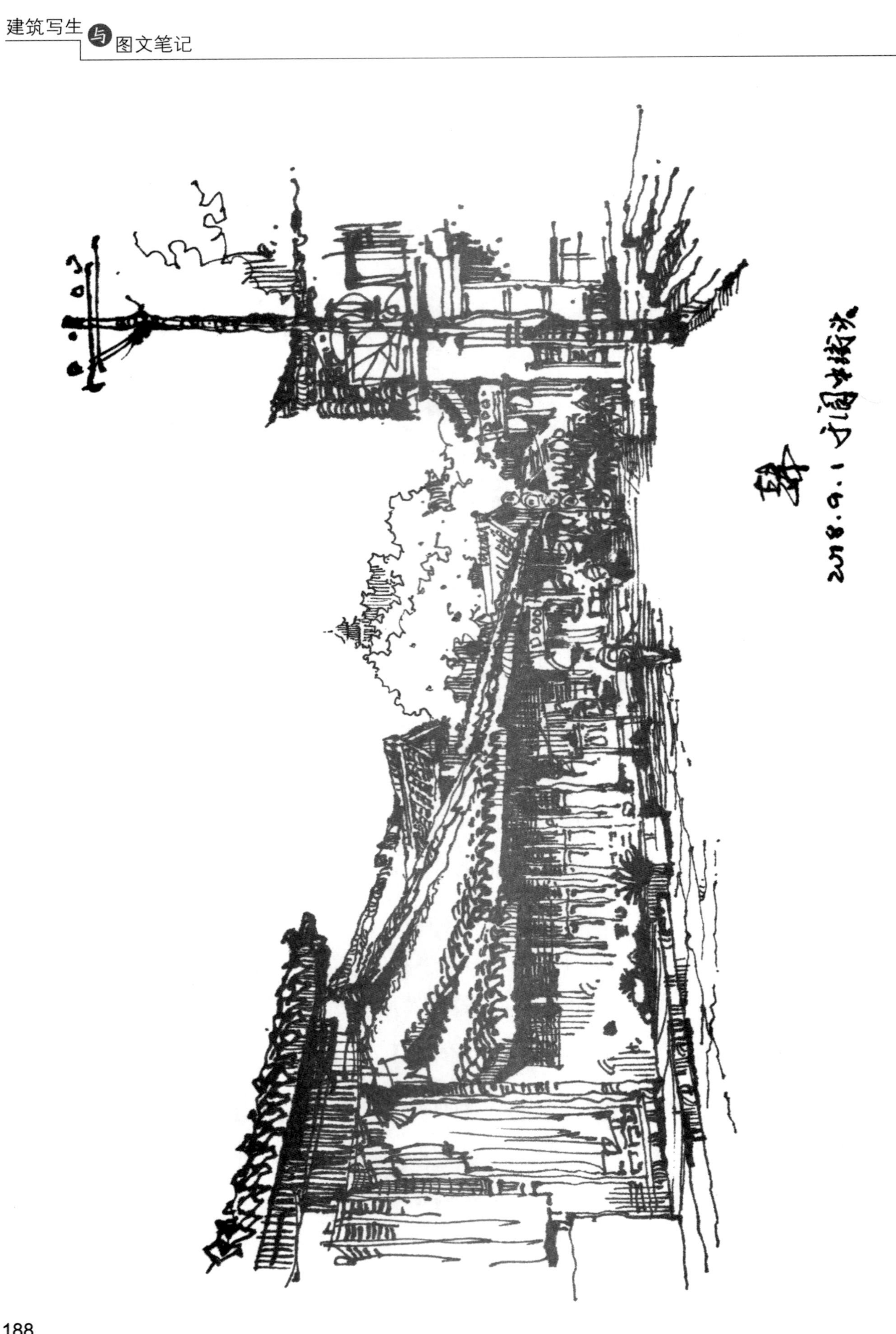

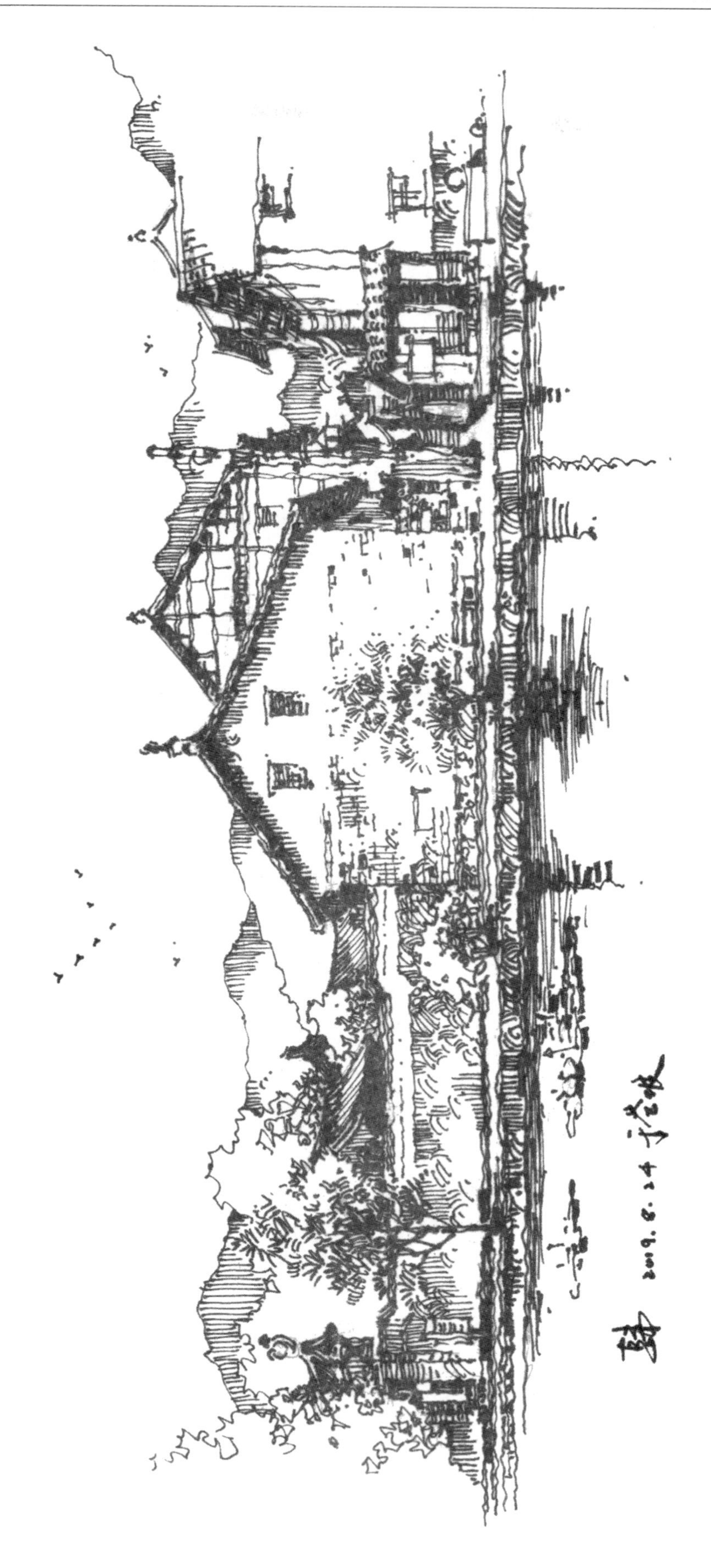

2019.8.25

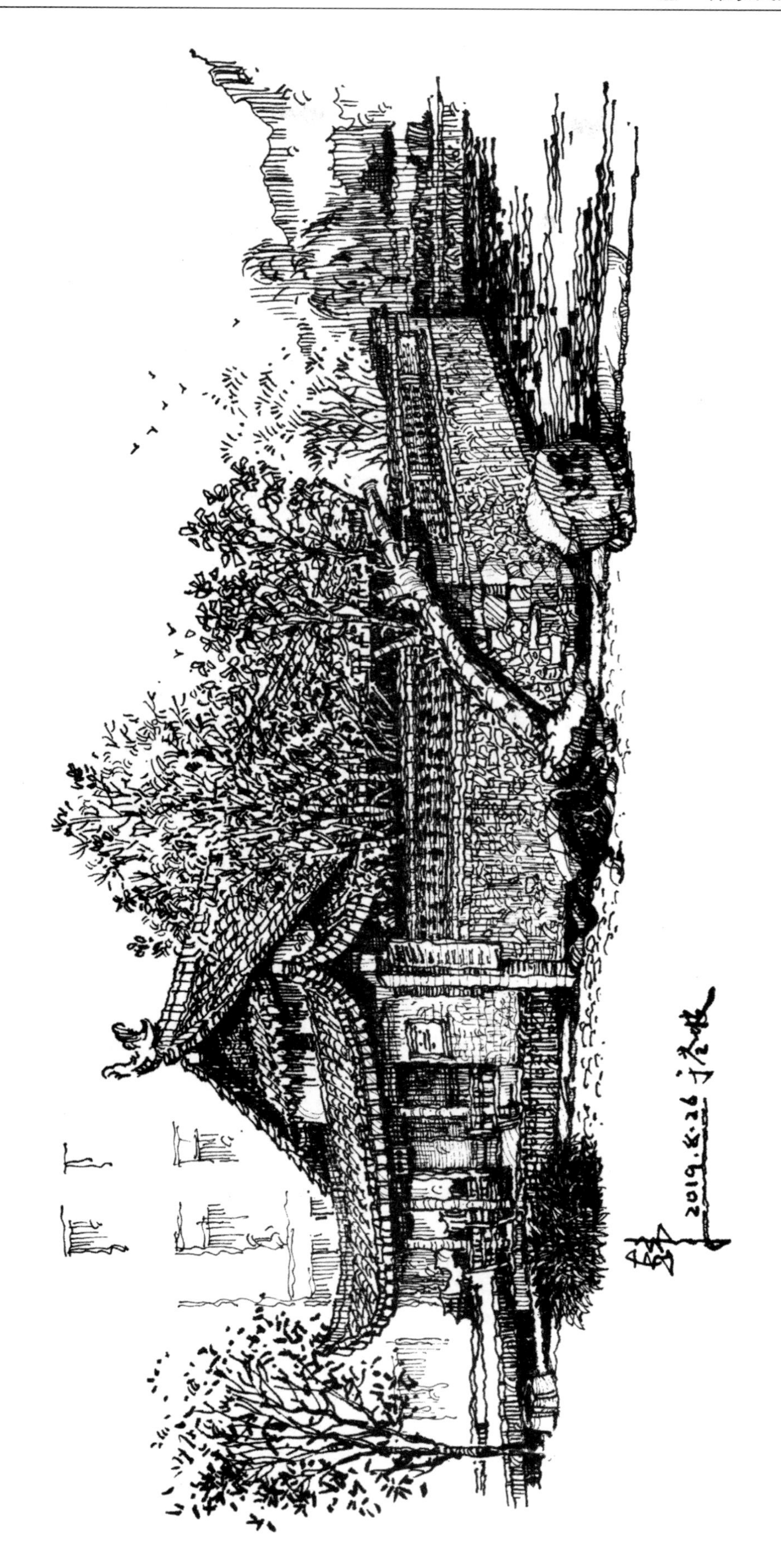

2019. 8. 27于永嘉苍坡

2019.8.29 于永嘉茶楼

参考文献

[1]阿恩海姆. 艺术与视知觉[M]. 滕守尧,朱疆源,译. 成都:四川人民出版社,1998.

[2]爱德华兹. 建筑绘画与思考[M]. 申祖烈,译. 北京:中国建筑工业出版社,2009.

[3]程大锦. 创意建筑绘画[M]. 天津:天津大学出版社,2011.

[4]耿庆雷. 建筑钢笔速写技法[M]. 上海:东华大学出版社,2011.

[5]哈肯. 协同学:大自然构成的奥秘[M]. 凌复华,译. 上海:上海译文出版社,2013.

[6]韩燕,王珂. 室内外环境设计与快速表现[M]. 济南:山东科学技术出版社,2007.

[7]黄为隽. 建筑设计草图与手法[M]. 哈尔滨:黑龙江科学技术出版社,1995.

[8]考夫卡. 格式塔心理学原理[M]. 李维,译. 北京:北京大学出版社,2010.

[9]李曙光. 绘画透视原理与技法[M]. 重庆:西南师范大学出版社,1994.

[10]彭一刚. 中国古典园林分析[M]. 北京:中国建筑工业出版社,1986.

[11]王概. 芥子园画传:山水卷(一)[M]. 北京:人民美术出版社,2004.

[12]杨倬. 建筑方案构思与设计手绘草图[M]. 北京:中国建材工业出版社,2010.

[13]曾坚,蔡良娃. 建筑美学[M]. 北京:中国建筑工业出版社,2009.

[14]钟训正. 建筑画环境表现与技法[M]. 北京:中国建筑工业出版社,1985.

[15]杨廷宝. 谈写生[EB/OL]. (2015-12-18)[2020-08-01]. https://www.douban.com/note/529771689/.